时尚
流苏编织技巧
一学就会

[澳]艾美·穆林斯 [澳]玛利亚·瑞安－莱森 / 著　田盼盼 / 译

江苏凤凰科学技术出版社 · 南京

Copyright©Amy Mullins and Marnia Ryan-Raison,

2017, David & Charles Ltd, Suite A, First Floor, Tourism House,

Pynes Hill, Exeter, Devon, EX2 5WS, UK

江苏省版权局著作权合同登记 图字：10-2021-103 号

图书在版编目（CIP）数据

时尚流苏编织技巧一学就会／（澳）艾美·穆林斯，
（澳）玛利亚·瑞安-莱森著；田盼盼译. — 南京：江
苏凤凰科学技术出版社，2022.2
ISBN 978-7-5713-2537-4

Ⅰ．①时… Ⅱ．①艾… ②玛… ③田… Ⅲ．①手工编
织—图解 Ⅳ．①TS935.5-64

中国版本图书馆CIP数据核字（2021）第229892号

时尚流苏编织技巧一学就会

著　　　者	［澳］艾美·穆林斯　　［澳］玛利亚·瑞安-莱森	
译　　　者	田盼盼	
责 任 编 辑	冼惠仪	
责 任 校 对	仲　敏	
责 任 监 制	方　晨	

出 版 发 行	江苏凤凰科学技术出版社
出版社地址	南京市湖南路 1 号 A 楼，邮编：210009
出版社网址	http://www.pspress.cn
印　　　刷	天津丰富彩艺印刷有限公司

开　　　本	787 mm×1 092 mm　1/16
印　　　张	8
字　　　数	128 000
版　　　次	2022年2月第1版
印　　　次	2022年2月第1次印刷

标 准 书 号	ISBN 978-7-5713-2537-4
定　　　价	49.80元

图书如有印装质量问题，可随时向我社印务部调换。

前　言

  《时尚流苏编织技巧一学就会》将全新的设计理念与古老的打结艺术相结合，将时尚流苏引入现代生活，令人耳目一新。不管您是正在寻找一件可以给您房间带来生气的艺术品，还是希望能有兼备装饰性和功能性的物件美化您的家，您都可以在这本书中找到最理想的答案。在书中，我们已经准备好一系列极具诱惑力的编织品类，能最大限度地满足您的创造性想法。

  又或者您是想学习一门新手艺，提高自身技能，我们同样能满足您的需求。我们有多个品类可供您选择，在正式开始编织前，我们详细介绍了各种编织的工具和材料，以及基本的编织技巧，它是您开始编织之旅前的理想练习平台。完全掌握最基本的编织准备工作之后，您便可以随心所欲地拓展您作为流苏艺术家的技能。

  我们的设计旨在向您呈现各种装饰的可能性，您可以通过使用不同粗细的绳线、丰富的色彩搭配和有趣的纹理技巧来实现它们。我们也有关于打结的详细指南，强烈建议您在开始编织之前根据个人需要进行练习。

  在开始每个编织品类时，我们都会先列出所需的打结方式和技巧以及基本材料，然后逐步详细地讲解每个设计的图案样式。在整个编织过程中，我们有很多细节图片可为您提供指导。严格遵照这些图示，您会发现即使是完成最复杂的设计图案，也比您想象的要容易得多。

庆典拱门

高级彩旗

躺椅

靠垫装饰

目 录

编织前的准备

编织品的类型

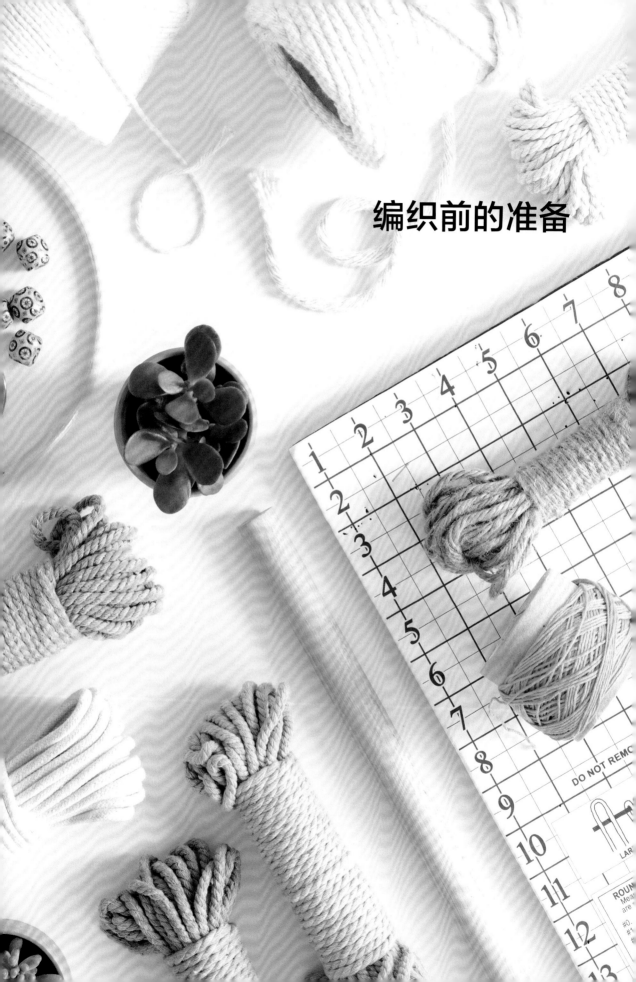

编织前的准备

工具和材料

本部分我们将向您介绍对于流苏艺术家而言最重要的材料——打结的绳线，同时也会介绍一些您需要的基本工具。每个编织品的开头，我们也会准确列出图案设计所需要用到的材料。

基础工具

除了每个编织品类所列出的工具之外，您还需要：

- 剪刀

- 卷尺

- 胶带

> **小贴士：** 购买和切取绳线长度时，请使用公制或给出的英制测量值，不要在两者之间切换。

编绳

我们在本书的编织中使用了许多不同的绳线，这里会介绍一些，但我们最常使用的是线径5毫米的编绳，因为我们发现在大部分编织品中，5毫米是最佳粗细（使用太细的编绳，完成编织品时可能会比较烦琐和耗时；而较粗的编绳则更适用于大型编织品）。另外，我们建议使用棉绳，一是在打结时，棉绳手感柔软，易于打结；二是与聚丙烯绳或聚酯绳俗气的外观相比，棉绳的外观则更加精致，质地也更加适合做漂亮的内饰。

在开始每个编织品类时都准确列出了所需的绳线尺寸和数量。您可以根据个人喜好替换绳线，但是不同尺寸的绳线会影响您需要的数量。因此为达到最佳效果，我们建议您仅限于替换编绳的质地和颜色，并且保证使用的编绳尺寸相同。您可通过购物网站或其他优质供应商及百货商店购买绳线。

在编织书中的一些小物件时，您可能会发现入手1个放置绳线的垫板是很有帮助的。垫板上通常印有网格和一些基本打结信息，绳线也可以用"T"形针别到上面。

打结方式和编织技巧

相关术语

在您开始打结之前，您需要熟悉一些基本术语。此部分涵盖本书中使用的所有术语。

纵向结: 竖向打结。

横向结: 横向打结。

作业绳: 用于打结的绳线。

填充绳: 非作业绳，作业绳缠绕其上。

支撑绳: 可以是环、木钉或另外的绳线，作业线系在其上。

交错绳线: 一种打新结的方法，从1个结中取一半绳线，从其相邻结中再取一半绳线，形成1个新的绳线组，用于打新结。

打结方式

单结

单结是一种最基本的绳结。编织双重单结，只需重复1遍步骤即可。

1.抓住绳线两端，将绳线左端放在右端之上，做成1个绳环。

2.将左端绳线穿过绳环，拉紧。

半扣结

半扣结很重要，在流苏的结法中应用广泛。用1根作业绳和1根支撑绳即可完成，并且可以通过改变支撑绳的角度以垂直、水平或对角线的形式呈现。下面这些图示会向您展示如何创建各种各样的半扣结。

1.将作业绳2置于支撑绳1之下。将作业绳向上缠绕过支撑绳，向下穿过绳环。这是1个半扣结。

2.将作业绳再次向上缠绕过支撑绳，完成双半结。

3.将作业绳向上缠绕过支撑绳，完成三半结。

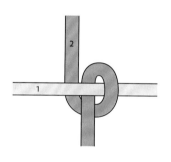
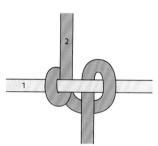
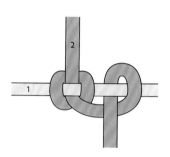

水平双半结

这是一系列双半结，系在1根水平方向的支撑绳上。

对角线双半结

这是一系列双半结，系在1根对角线方向的支撑绳上。

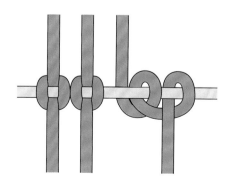
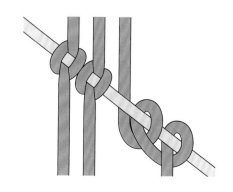

雀头结

　　将绳线系到1根木钉或另1根水平方向的支撑绳上时，最常用到的是雀头结。

1.将1根绳线对折成"U"形，然后将其放在支撑绳或木钉上方。

2.将绳线两端穿过绳环。

3.拉紧固定。

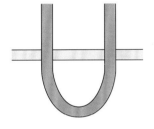
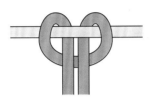
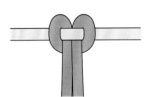

包裹结

　　通常在挂件的顶部和底部会使用包裹结将绳线固定在一起。

1.将1根绳线对折成"U"形，然后将其放于待包裹的绳线上方，短端朝上。再用绳线的长端缠绕待包裹的绳线和"U"形线。

2.一直缠绕到所需长度，确保不遮挡绳环。将长端向下穿过绳环。

3.将短端向上拉，直到绳环约穿过包裹部分的一半。整理包裹结绳线末端。

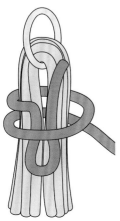

方结

方结是最常用的流苏结之一。通过使用不同数量的填充绳和作业绳可以实现方结的多样化。但是，标准方结只使用4根绳线（如图所示）。基础方结可用于编织许多不同的图案。

1.将绳线按1—4编号。绳线1和4是作业绳，绳线2和3是填充绳。将绳线1从上方绕过填充绳，置于绳线4之下。

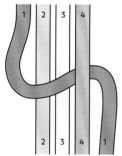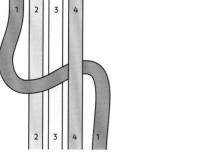

2.将绳线4从填充绳下方绕过，然后向上置于绳线1和2之间，从绳线1上方穿出。

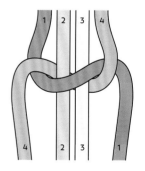

3.将绳线1从上方绕过填充绳，置于绳线4之下。

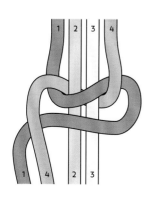

4.将绳线4从填充绳下方绕过，然后向上置于绳线3和1之间，拉动作业绳将结系紧。

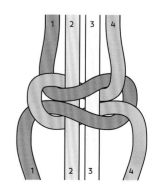

方结小环图案

这是一个用基础方结创造的装饰图案。

1.系1个方结。向下移动到所需区域，再打1个方结。

2.沿着填充绳向上滑动第2个方结，将其固定在第1个方结的下方。

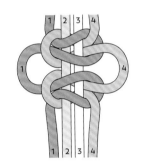

交错式方结图案

交错式方结图案是流苏中最常用的图案之一。对于交错式方结图案，在交错绳线之前，要重复每个方结排。

1.在1个横排上打方结。为便于图示展示，这里用了2个方结，但是这种技巧其实可以用于更多方结。

2.交错编绳，将绳线3和4与绳线5和6系在一起，在新的1排上形成1个方结，以绳线3和6为作业绳，绳线4和5为填充绳。

3.下1排，参照步骤1，系2个方结，第1个方结用绳线1—4，第2个方结用绳线5—8。

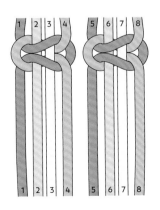

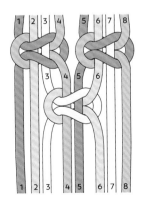

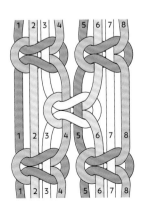

递增方结图案

　　递增方结的编织方法是，从1排有1个方结开始，之后每排的方结数比上1排增加1个。如图所示，递增方结图案使用了12根绳线，以3个方结结束。但是，其实可以用更少或更多绳线。

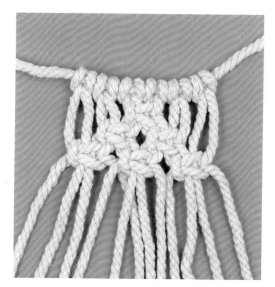

1.将绳线按1—12编号，用绳线5—8系1个方结。

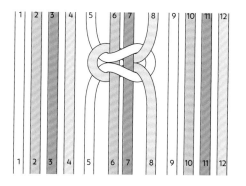

2.用绳线3—6和绳线7—10在第2排打方结。

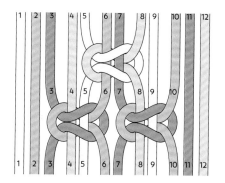

3.用绳线1—4、绳线5—8和绳线9—12在第3排打方结。

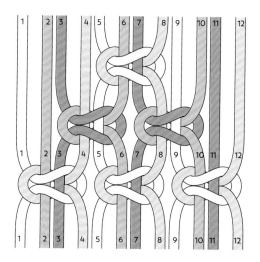

递减方结图案

在这种图案中，连续横排中的方结数逐渐减少。如图所示，递减方结图案使用了12根绳线，以3个方结开始。但是，其实可以用更少或更多绳线。

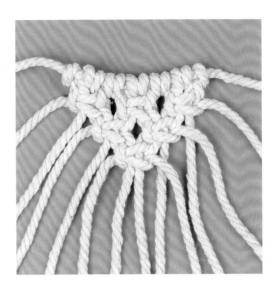

1.用绳线1—4、绳线5—8和绳线9—12系第1排方结。

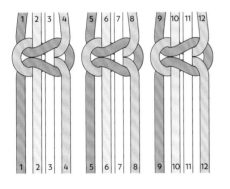

2.用绳线3—6和绳线7—10系第2排方结。

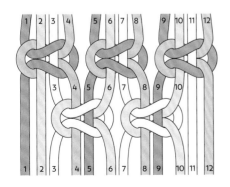

3.用绳线5—8在第3排打方结。

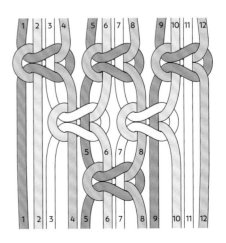

半结

半结一般是指半方结。半结可以做成排，也可以做成交错式图案。

1.给绳线按1—4编号。绳线1和4是作业绳，绳线2和3是填充绳。将绳线1从填充绳上方绕过，放到绳线4下方。

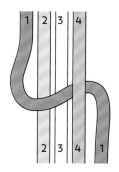

2.将绳线4从填充绳下方绕过，从绳线1和2中间穿出，置于绳线1上方。

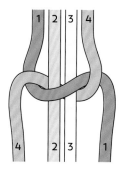

半结可以做成**交错式半结图案**，方法与方结做成交错式方结图案一样。如左图所示的桌垫呈现的就是交错式半结图案。

螺旋结

　　螺旋结是用半结做成的纵向结（竖向打结）。如果您连续打半结，它们就会自然扭转。您可以每隔一段相等的距离就有意地旋转和拉紧半结，这可以打造出整齐有规律的外观。

1.将绳线按1—4编号。绳线1和4是作业绳，绳线2和3是填充绳。将绳线1从上方绕过填充绳，放在绳线4下方。

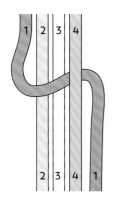

2.将绳线4从填充绳下方穿过，从绳线1和2中间穿出，置于绳线1上方。

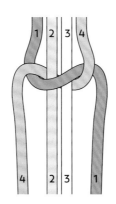

3.按照图示，重复步骤1和步骤2，做成螺旋结。

中式皇冠结

要打1个中式皇冠结，您需要将绳线顶端倒置在大腿之间固定，并将均匀分成4组绳，按4个方向分散固定在膝盖上。图示和照片中的单根绳线代表的是几根绳线的组合。

1.将绳线均匀分成4组，并将绳线组放在规定位置。将绳线组标记为1—4，组之间的空间标记为A—D。

2.将组1放入空间A，确保折叠处留有1个绳环。

3.将组2从组1上方穿过，并放入空间B。将组2完全放到中心位置（参见步骤4），不要留有绳环。

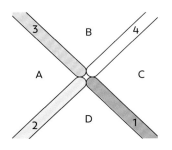

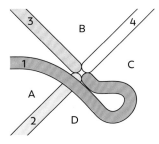

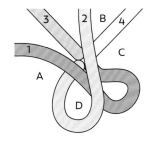

4.将组3从组2和组4上方穿过，并放入空间C。将组3完全放到中心位置（参见步骤5），不要留有绳环。

5. 将组4从组3上方绕过，穿过组1留下的绳环，放入空间D。

6.将所有绳组均匀拉到一起，直到形成结。

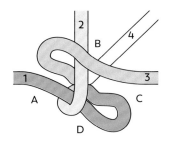

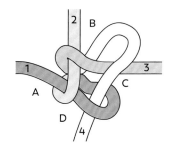

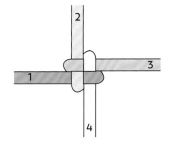

○—方结递减

○—方结

○—包裹结

○—螺旋结

○—方结

编织技巧

您需要一些基本技巧来完成本书中的编织品，我们在这里介绍一下这些小技巧。

打结时，保持仔细和耐心非常重要，所以在开始前要调整好自己的心态，遵循以下建议。

在编织像手包这样的小型物件时，您需要使用绳线作为支撑绳，而在制作像珠宝这类的精致物件时，垫板和"T"形针非常有帮助。或者，您可以将支撑绳放到垫板、墙壁或其他平整物体的表面上，然后用胶带固定。

对于编织壁挂或植物吊架，您需要将绳线系到木钉或金属环上，这时衣架就会成为1个很棒的"工作台"。您只需将木钉或金属环固定在衣架的水平横杆上，或使用"S"形挂钩将这些绳线固定到位。另外，在制作植物吊架时，您也可以使用单个墙钩悬挂金属环；或者在制作壁挂时，用2个墙钩将1根木钉固定好。

对于编织比较宽的物件，如庆典拱门，您可以将木钉固定在窗帘杆上或2个坚固的墙钩上，但要注意墙钩的承重能力。

对于编织带有长的垂直支撑绳的物件，如吊灯或室内秋千，您可以把挂钩固定在平顶梁上，用来悬挂您的作品，但要保证挂钩能够承受住您的作品。

缠绕环

取一定长度的绳线，将其一端固定在金属环上，系1个双半结（参见第10页的半扣结）。用绳线的长端穿过金属环，将绳线缠绕在环上并完全覆盖，留下足够空间，再系1个双半结将其固定到环上。剪掉多余的绳线。

须边法

一种收尾的编织技巧，通过将每根绳线分成更小的部分来拆解绳线，以丰富边缘效果或形成更丰满的流苏穗。

嵌入收尾

一种收尾的编织技巧，将绳线的两端编入图案背面的结下方，以达到整洁的效果。

编辫

编辫是将3根绳线或3组绳线交织以形成辫状。将左侧绳线从上方穿过中心线，成为新的中心线。然后将右侧绳线从上方穿过新的中心线，现在右侧绳线位于中心位置。继续将左侧和右侧绳线交替放到中心位置以形成辫状。

绳线编号

这是一种计算绳线数量的方法，可以从流苏图案中准确定位开始着手的部分。绳线从左到右依次计数，对于使用绳线少的小物件，这一步可以在脑子里完成。而在处理需要用许多绳线来编织图案的大型物件时，如庆典拱门，因为很容易数不清绳线，所以需要将每根或每组绳线依次编号。为准确掌握绳线数量，您可以每10根绳线绑1根临时的亮纱，或者用夹子将1组绳线保持在一起。

束紧

将支撑绳穿过交错式方结图案中间的空间，通过这种方式可以将手包类编织品中口袋的侧面系在一起。

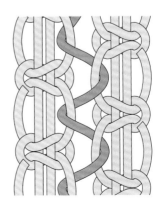

编织品的类型

吊 架

这种装饰架是展示轻便物体的理想选择。它可以放在家中的任何房间，靠16线螺旋结吊起。它还可以悬挂在墙上或靠墙的天花板上，但务必安上壁塞和螺丝钉，保证至少10千克的承重量。温馨提示：所需的壁塞和螺丝钉型号取决于您的墙壁结构、吊架及展示物件的重量。

材料：

- 74米长、5毫米粗的绳线
- 直径长8厘米的金属环
- 2块松木板，每块48厘米长×18.5厘米宽×2厘米厚
- 直径长15毫米的木钻头
- 120粒度（细）砂纸
- 木材着色剂（您喜欢的颜色）

打结方式及编织技巧：

- 螺旋结
- 单结
- 半结
- 缠绕环
- 须边法

准备：

- 切取8根9米长、5毫米粗的绳线
- 切取1根2米长、5毫米粗的绳线
- 在木块各角离侧面2厘米处标记出孔的位置，然后钻孔
- 轻轻打磨木材，磨平任何粗糙或不平的表面，然后染成所需的颜色

方法

1. 用2米长的绳线缠绕直径长8厘米的金属环。

2. 将8根9米长的绳线对折在环内侧，缠到环上。

3. 将绳线依次分成3组：第1组有4根绳线；第2组有8根绳线；第3组有4根绳线。

4. 以第1组和第3组绳线为作业绳，第2组为填充绳，用8个半结系1个16线螺旋结。

5. 现在将绳线分成4组，每组4根。

6. 下降1.5厘米，4组中的每组都用64个半结打成1个4线螺旋结。

7. 水平放置第1块松木板，将每个螺旋结的4根绳线穿过每个钻孔。

8. 将松木板翻转过来，每组绳线都系上单结，确保松木板的4个角都被固定住。打完4个结，将松木板翻转过来，确保其是水平的，然后继续。

9. 在每个单结的正下方用32个半结系1个4线螺旋结。

10. 重复步骤7和步骤8。

11. 将绳线修剪为5.5厘米长并须边。

吊　桌

进阶项目

这个吊桌着实令人惊叹，它会让您的生活区成为独特的焦点。它可以用来展示轻便的饰物，但所有的目光都会集中在流苏本身。悬挂的"链条"由中式皇冠结制成，吊带上采用了美丽的方结小环图案。温馨提示：要悬挂桌子，必须将1个挂钩安装在天花板横梁上，其最小承重能力要保证达到10千克。

材料：

- 147米长、5毫米粗的绳线
- 2个金属环：1个直径为6厘米；1个直径为9厘米
- 30厘米长、2.5毫米粗的棉线
- 直径为40～60厘米的圆形托盘（根据您的喜好选择）

打结方式及编织技巧：

- 包裹结
- 中式皇冠结
- 双半结
- 方结
- 交错式方结图案
- 方结小环图案
- 单结
- 须边法

准备：

- 切取16根9米长、5毫米粗的绳线
- 切取2根1.5米长、5毫米粗的绳线

方法

1. 将16根9米长的绳线缠绕到直径为6厘米的金属环上，将其对折在环内侧。

2. 用1.5米长的绳线系1个5厘米的包裹结，将绳线固定在一起。

3. 将绳线分成4组，每组8根，系6个中式皇冠结。

4. 在中式皇冠结的正下方，将所有绳线放在直径为9厘米的金属环内。水平放置的金属环现在用作支撑绳。始终保持环的水平方位，将所有绳线打双半结缠绕到环上。

5. 将绳线分为8组，每组4根绳线，在环的正下方绑1排8个方结，将环固定到位。

6. 将绳线分成4组，每组8根。现在每组都成了1个纵向结。每个纵向结重复步骤7—14。

7. 纵向系8排交错式方结。

8. 下降5厘米，用4根填充绳和每侧各2根作业绳打成1个方结。这是1个8线方结。

9. 下降3厘米，再系1个8线方结。

10. 下降3厘米，再系1个8线方结。

11. 沿着填充绳向上滑动方结形成方结小环图案。

12. 下降5厘米，打3排交错式方结。

13. 重复步骤8—11。

14. 下降27厘米，打9排交错式方结。

15. 从每个相邻的纵向结中取出4根绳线，交错绳线，并将它们放在一起。下降22厘米，绑1个8线方结（这样2个相邻的纵向结便通过1个8线方结连接起来）。

16. 下降7厘米，将所有绳线聚集在一起，并用11.8厘米长的棉线打1个双重单结。

17. 用剩余的1.5米绳线打5厘米长的包裹结以覆盖单结。

18. 将绳线修剪到所需长度并须边。

19. 放入圆形托盘，形成桌面。

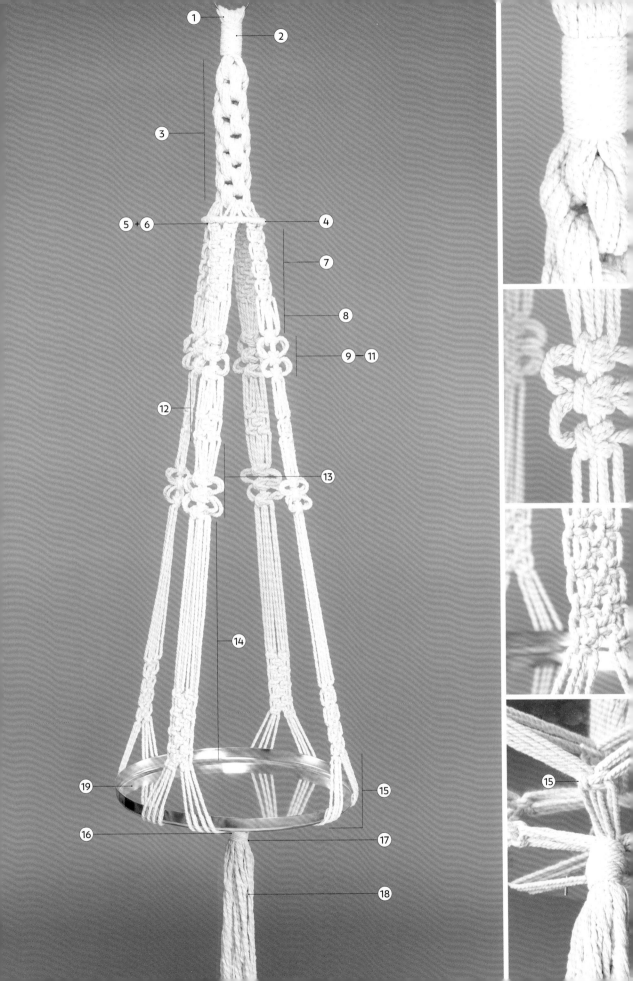

瓶　架

初级项目

这个漂亮的瓶架非常适合用来存放1瓶特别的葡萄酒，也可以用来展示您最喜欢的玻璃花瓶，甚至可以翻倍做大成植物架。它有手工的编织吊带和坚固的包裹手柄。这款作品用黄麻制成，有着自然、朴实的色彩，可以完美点缀室内设计。

材料：

- 44.3米长的、2毫米粗的黄麻
- 玻璃瓶，高26厘米，底座直径8厘米

打结方式及编织技巧：

- 中式皇冠结
- 方结
- 单结
- 包裹结
- 交错式方结图案
- 编辫

准备：
- 切取16根2.5米长、2毫米粗的黄麻线
- 切取1根4米长、2毫米粗的黄麻线
- 切取1根30厘米长、2毫米粗的黄麻线

方法

1. 将16根2.5米长的黄麻分成2组，每组8根，并将2组绳线放在平整的表面上，使它们在中心呈"+"字交叉。
2. 系1个中式皇冠结，将2组绳线固定在一起。现在您有4束从中式皇冠结中心向外辐射出来的绳线——这是瓶架底座的起点。
3. 将1束中的4根绳线与相邻束中的4根绳线一起使用，这样就可以得到1组8根绳线。从中式皇冠结的中间下降3厘米，用4根填充绳和每侧各2根作业绳系上1个8线方结。
4. 重复步骤3，直到在中心点周围系上4个8线方结。
5. 像步骤3一样交错使用绳线，留出3厘米的间隙，再系上1排4个8线方结。
6. 继续交错使用绳线，并在每排之间留出3厘米间隙，再绑6排8线方结。（一旦杯状的形状开始形成，大约在第3排的时候，您可以将您的玻璃瓶倒置，将绳线放在瓶上面然后继续打结。）
7. 将1个8线方结中的8根绳线和相邻的8根绳线放到一起。下降3厘米，用8根填充绳和每侧各4根作业绳打1个16线方结。
8. 剩下的2个8线方结重复步骤7。
9. 您现在有2个16线方结，分别位于设计的两侧，这是制作吊带的起点。从1个16线方结着手，将16根绳线分为3组，每组分别是5根、6根和5根，编1个30厘米长的紧致的辫状物。用相同的方式处理第2个16线方结。
10. 制作手柄时，请将编织吊带的末端重叠5厘米，确保1个位于另1个上方。将所有绳线聚在一起，并用长度为30厘米的黄麻线在重叠吊带的中心牢固地系上1个双重单结。
11. 用剩余的4米长的黄麻线，系1个长14厘米的包裹结以遮盖双重单结，该结应位于包裹结的中心。剪掉多余的绳线。

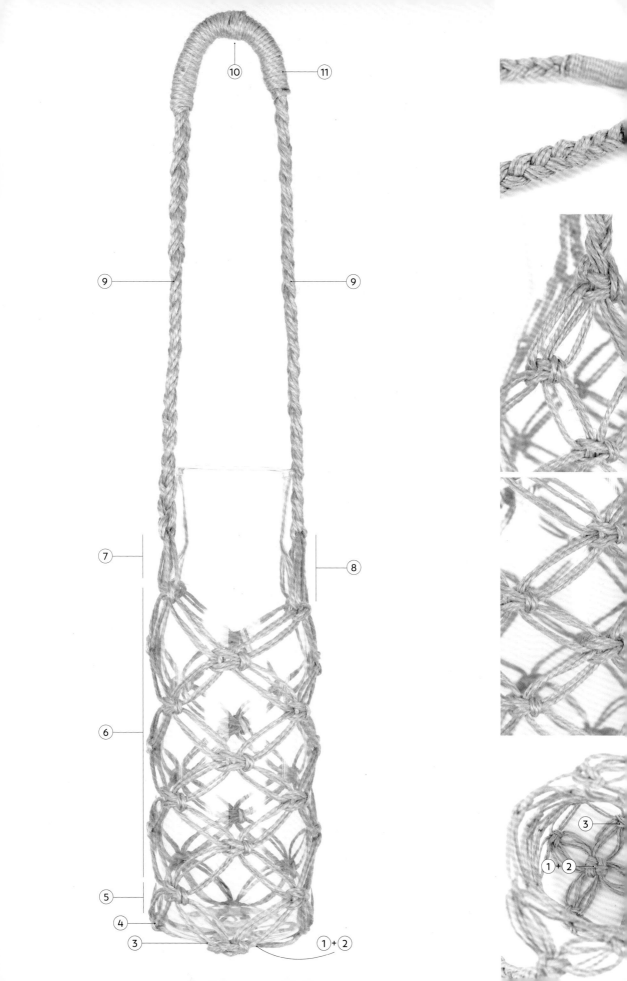

● ● ●

吊　篮

进阶项目

这种篮式吊架是多功能的，在家中用途很多，可以是温室中的植物架、缝纫室中的工艺品盒或厨房中悬挂的水果篮。交错式方结为篮子的外观编造出了漂亮的网状图案。

材料：

- 167米长、2.5毫米粗的编绳
- 直径为6厘米的金属环
- 2个竹环，直径均为20厘米

打结方式及编织技巧：

- 包裹结
- 方结
- 三半结
- 交错式方结图案
- 单结
- 缠绕环

准备：

- 切取40根4米长、2.5毫米粗的绳线
- 切取3根2米长、2.5毫米粗的绳线
- 切取1根1米长、2.5毫米粗的绳线

方法

1. 用1根2米长的绳线缠绕直径为6厘米的金属环。

2. 将40根4米长的绳线对折在环的内侧，系到环上。

3. 从2米长的绳线中选1根，用3.5厘米的包裹结将绳线直接固定到环的下方。

4. 在包裹结正下方，将绳线分成8组，每组10根。现在每组将成为1个纵向结。每个纵向结重复步骤5—8。

5. 用每组的4根填充绳和3根作业绳打成4个10线方结。

6. 下降17厘米，用每组中间的6根绳线，4根填充绳和两侧各1根作业绳打1个6线方结。

7. 在正下方交错使用绳线，每组用3根填充绳和每侧1根作业绳系在两边各打1个5线方结。

8. 在正下方，用每组中间的6根绳线再系1个6线方结，使用4根填充绳和每侧各1根作业绳。

9. 下降17厘米，将所有绳线放在第1个竹环内。水平放置的竹环现在用作支撑绳。打三半结，将每根绳线系在竹环上。

10. 将绳线分为20组，每组4根，在环的正下方打1排20个方结来固定第1个竹环。

11. 下降1.5厘米，交错使用绳线再系1排20个方结。

12. 接下来的8排继续采用交错式方结图案。

13. 将所有绳线放入第2个竹环内，水平放置的竹环现在用作支撑绳。打三半结将每根绳线系在竹环上。

14. 将绳线收紧并将其向上拉，直至其居中并与竹环齐平，这将为吊篮创造一个基底。用1米长的绳线系双重单结固定。

15. 用剩余的2米长的绳线，在双重单结的顶部系上1个3.5厘米的包裹结。

16. 将绳线修剪到所需长度。

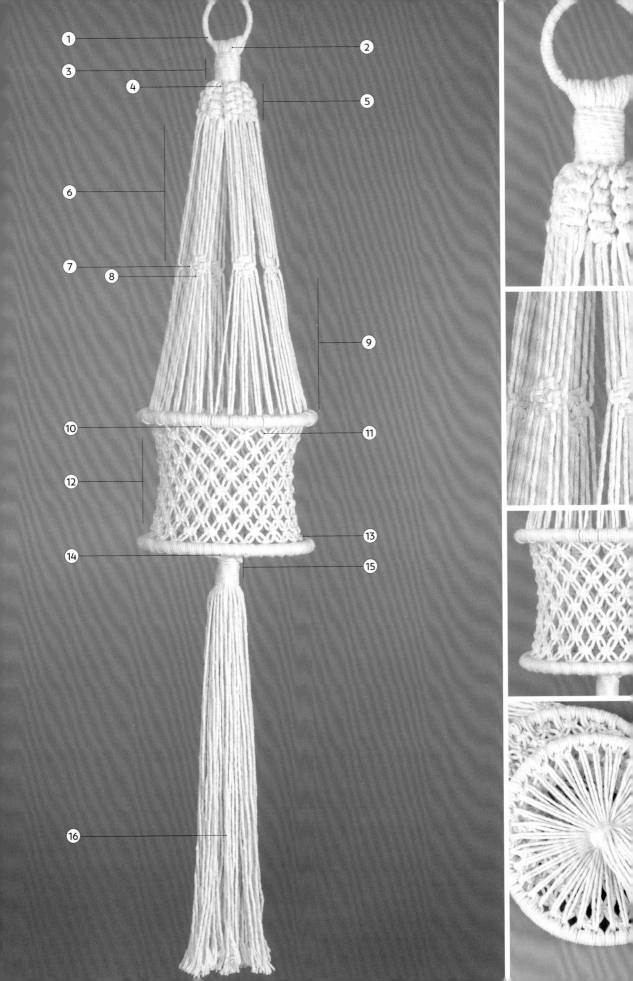

● ● ●

桌　垫

从家庭早餐到与朋友共进晚餐，这款简约优雅的流苏桌垫一定会给人留下深刻印象。您可以在桌子的中央摆上一个，或者做一套时尚餐垫。交错式半结图案编织密集，可以保护您的桌面，而且桌垫用棉绳制作，还可以手洗。

材料：

- 82.1米长、5毫米粗的绳线

打结方式及编织技巧：

- 水平双半结
- 半结
- 单结
- 方结
- 交错式半结图案
- 须边法

准备：

- 切取36根2.25米长、5毫米粗的绳线
- 切取2根55厘米长、5毫米粗的绳线

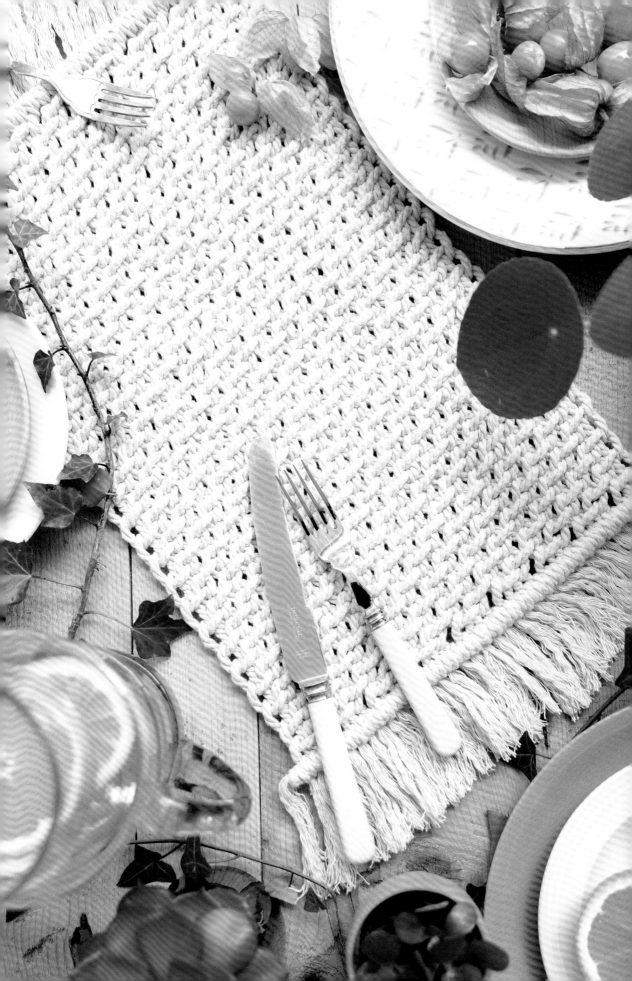

方法

1. 用"T"形针将1根55厘米长的绳线固定到垫板上，或用胶带固定在平整的表面上。这将成为您的支撑绳。

2. 用水平双半结将36根2.25米长的绳线系到支撑绳上，在支撑绳上方留10厘米绳线以制作须边。

3. 在双半结排的正下方，系上1排9个半结。

4. 交错绳线，绑1排8个半结。

5. 交错绳线，系1排9个半结。

6. 继续编织交错式半结图案，再系48排。

7. 在最后1排半结的正下方，放置剩余的55厘米绳线，以形成第2根支撑绳。用水平双半结将所有绳线系在第2根支撑绳上。

8. 在2根支撑绳的末端打1个单结。

9. 将所有绳线修剪为5厘米并须边，以在桌垫的两端制作出流苏穗。

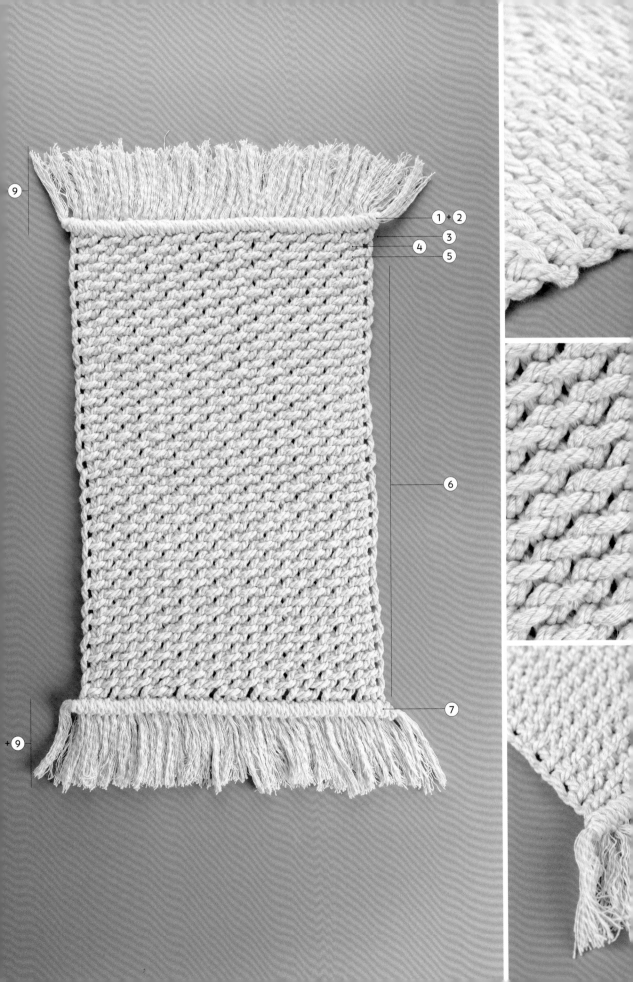

● ● ●

桌 旗

进阶项目

材料：

- 208米长、5毫米粗的绳线
- 50厘米长、2.5厘米粗的木钉

这款桌旗是一件漂亮的物件，可以展示您的餐桌布局，不管是用于日常家庭晚餐，还是用于像婚礼这样特殊场合的招待，都很合适。中心的钻石菱形设计采用递增和递减方结图案，侧面可以轻松加长，以匹配您的桌子大小。桌旗用棉绳制成，可以手洗或轻轻擦拭。

打结方式及编织技巧：

- 雀头结
- 方结
- 半结
- 交错式方结图案
- 递增方结图案
- 递减方结图案
- 绳线编号

准备：
- 切取26根8米长、5毫米粗的绳线

方法

1. 用雀头结将26根长度为8米的绳线全部系到木钉上，确保绳线长度均匀分布。所系绳线的宽度应为36厘米。

2. 下降10厘米，将绳线分为13组，每组4根绳线，打1排13个方结。

3. 在1排方结正下方交错绳线并打1排12个半结。

4. 交错绳线，打1排13个半结。

5. 交错绳线，打1排12个半结。

6. 在正下方，系上1排13个方结。

7. 交错绳线，下降3厘米，系1排12个方结。

8. 继续编织交错式方结图案，接下来的3排均保持3厘米的间隙。

9. 重复步骤3—6。

10. 将绳线1—52编号。

11. 用绳线1—4，下降3厘米，系1个方结。这些绳线现在成为1个纵向结。再系上6个方结，每个方结之间的间隙为3厘米。

12. 这次使用绳线49—52，重复步骤11。

13. 聚集绳线25—28，下降3厘米，系上1个方结。

14. 从步骤13中用绳线25—28打的方结开始编织递增方结图案，1排接着1排。继续编织递增方结图案，直到完成1排11个方结（这是递增方结图案的最后1排）。

15. 在11个方结那1排的正下方，开始编织递减方结图案，直到完成最后1排（只有1个方结）。

16. 下降3厘米，并系上1排13个方结。

17. 重复步骤3—8。

18. 重复步骤3—6。

19. 在最后1排方结下方，将绳线修剪为12厘米长。

20. 小心地将步骤1中的绳线从木钉上滑下来，解开雀头结，并在折叠处切断绳线。如有必要，修剪绳线末端以匹配桌旗另一端的流苏穗。

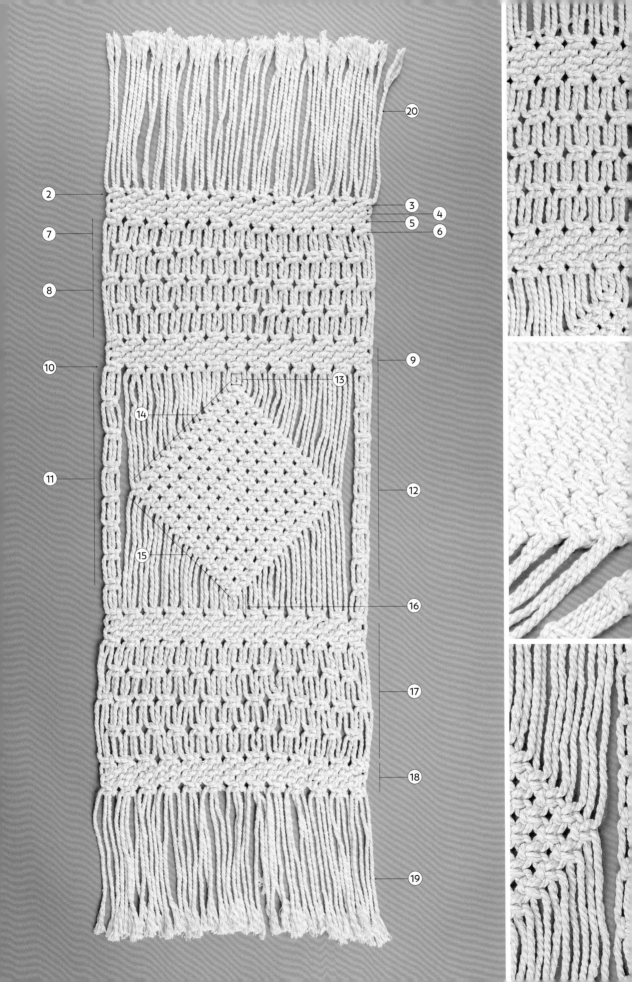

● ● ●

简易壁挂

◣ 初级项目

材料：

- 56米长、5毫米粗的绳线
- 28厘米长、2.5厘米粗的木钉

这款简约的装饰性壁挂采用天然的棉绳制成，可以完美搭配现代家居的任何空间。如果您是流苏新手，这是一个很好的入门品类，您可以学习流行的方结和交错式方结图案。如果您想要更朴实的外观，很简单，您可以直接将木钉换成寻觅到的浮木即可。

打结方式及编织技巧：

- 雀头结
- 方结
- 交错式方结图案
- 递减方结图案
- 须边法

准备：
- 切取16根3.5米长、5毫米粗的绳线

方法

1.用雀头结将16根长3.5米的绳线系到木钉上。所系绳线的宽度应为22厘米，在木钉的两端各留3厘米空白。

2.在木钉的正下方，系上1排8个方结。

3.1排接着1排，系上22排交错式方结图案。

4.现在开始编织递减方结图案，从1排7个方结开始，以1排1个方结结束。

5.修剪绳线，使其均匀。如有需要，可进行须边。

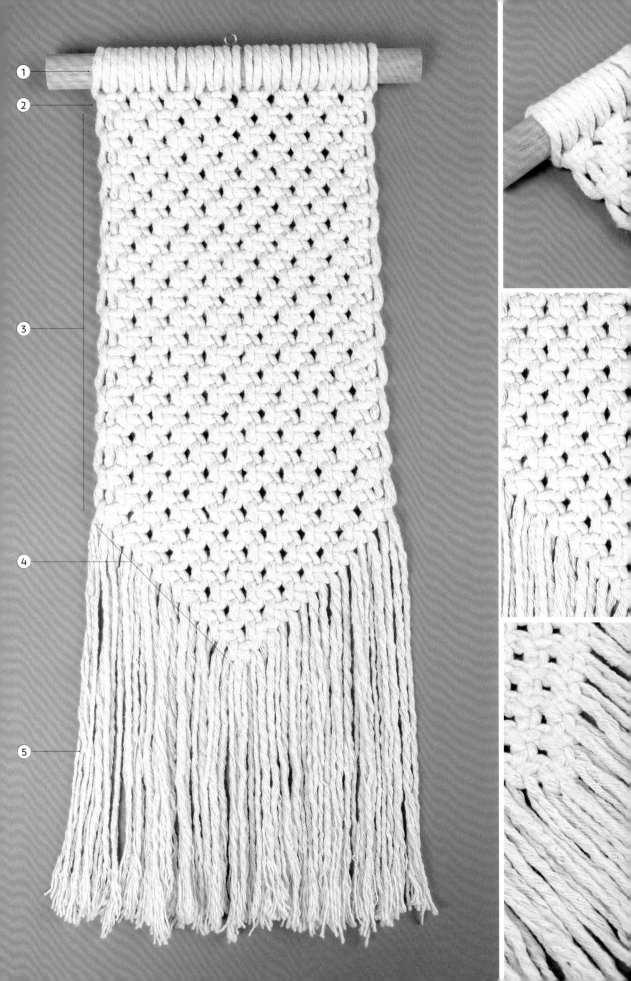

• • •

高级壁挂

进阶项目

复古风和几何风兼备的壁挂，肯定会给人留下深刻的印象，同时也能体现您精益求精的技艺。这是中级水平者的理想选择，这款壁挂展示了通过巧妙组合基本的流苏结来创造出独特且错综复杂的打结图案。顶部和底部均采用交错式双方结图案，并通过"↑""↓"设计和螺旋结连接。

材料：

- 136米长、5毫米粗的绳线
- 46厘米长、1.8厘米粗的木钉

打结方式及编织技巧：

- 雀头结
- 方结
- 交错式双方结图案
- 水平双半结
- 单结
- 对角线双半结
- 螺旋结
- 须边法
- 绳线编号

准备：
- 切取26根5米长、5毫米粗的绳线
- 切取4根1米长、5毫米粗的绳线
- 切取1根2米长、5毫米粗的绳线

方法

1. 用雀头结将所有26根长度为5米的绳线系到木钉上。所系绳线的宽度应为39厘米，在木钉的两端各留3.5厘米空白。

2. 在木钉的正下方，系上1排13个方结。

3. 在上1排的正下方再系1排13个方结。

4. 交错绳线打1排12个方结。

5. 在上1排的正下方再系1排12个方结。

6. 交错绳线，在上1排的正下方打1排13个方结。

7. 重复步骤3，完成第1块交错式双方结图案。

8. 将1根1米长的绳线水平放置在最后1排方结的正下方，现在它是支撑绳。

9. 沿着支撑绳将所有绳线打水平双半结。

10. 在支撑绳两端各系上1个单结，将两端修剪为10厘米并须边。

11. 打1排13个方结。

12. 现在开始编织箭头图案（步骤12—48）。首先，按1—52对绳线进行编号。

13. 以绳线3为支撑绳，从左到右将其拉下来，并用绳线4—8系对角线双半结。

14. 以绳线14为支撑绳，从右到左将其拉下来，并用绳线9—13系对角线双半结。

15. 以绳线15为支撑绳，从左到右将其拉下来，并用绳线16—20系对角线双半结。

16. 以绳线26为支撑绳，从右到左将其拉下来，并用绳线21—25系对角线双半结。

17. 以绳线27为支撑绳，从左到右将其拉下来，并用绳线28—32系对角线双半结。

18. 以绳线38为支撑绳，从右到左将其拉下来，并用绳线33—37系对角线双半结。

19. 以绳线39为支撑绳，从左到右将其拉下来，并用绳线40—44系对角线双半结。

20. 以绳线50为支撑绳，从右到左将其拉下来，并用绳线45—49系对角线双半结。

21. 绳线按1—52重新编号。

22. 以绳线2为支撑绳，从左到右将其拉下来，并用绳线3—7系对角线双半结。

23. 以绳线14为支撑绳，从右到左将其拉下来，并用绳线10—13系对角线双半结。

24. 以绳线15为支撑绳，从左到右将其拉下来，并用绳线16—19系对角线双半结。

25. 以绳线26为支撑绳，从右到左将其拉下来，并用绳线22—25系对角线双半结。

26. 以绳线27为支撑绳，从右到左将其拉下来，并用绳线28—31系对角线双半结。

27. 以绳线38为支撑绳，从右到左将其拉下来，并用绳线34—37系对角线双半结。

28. 以绳线39为支撑绳，从左到右将其拉下来，并用绳线40—43系对角线双半结。

29. 以绳线51为支撑绳，从右到左将其拉下来，并用绳线46—50系对角线双半结。

30. 下降1厘米，按如下方式系1排5个方结：第1个方结由每侧各2根作业绳和4根填充绳制成；第2、第3和第4个方结均包含每侧各2根作业绳和8根填充绳；第5个方结由每侧各2根作业绳和4根填充绳制成。

31. 绳线按1—52重新编号。

32. 以绳线7为支撑绳，从右到左将其拉下来，并用绳线2—6系对角线双半结。

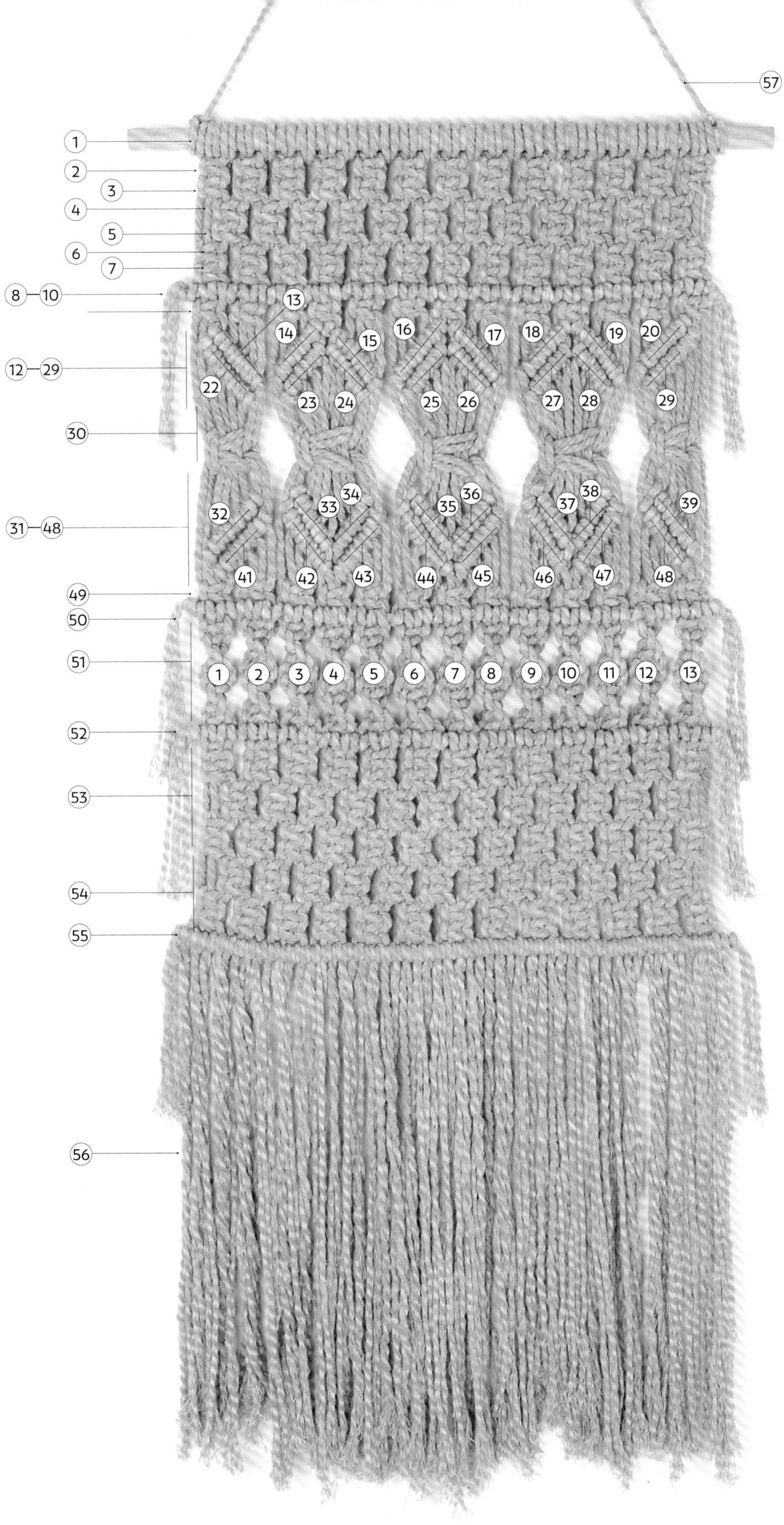
57
1
2
3
4
5
6
7
8—10
13
14
15
16
17
18
19
20
12—29
22
23
24
25
26
27
28
29
30
34
36
38
33
35
37
32
39
31—48
41
42
43
44
45
46
47
48
49
50
51
1
2
3
4
5
6
7
8
9
10
11
12
13
52
53
54
55
56
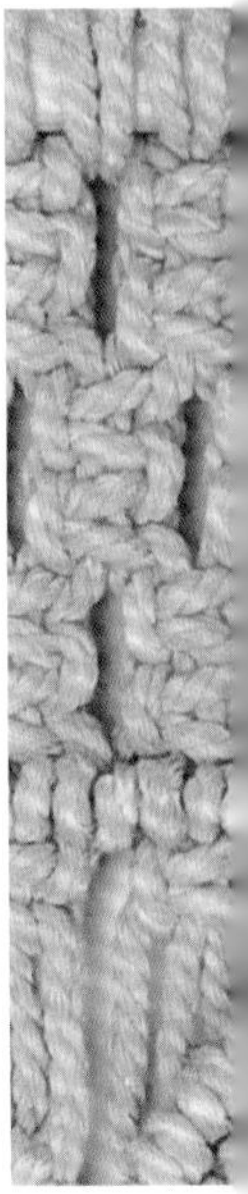
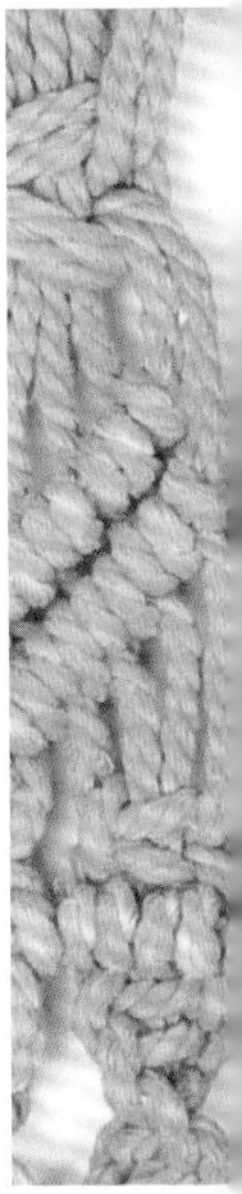
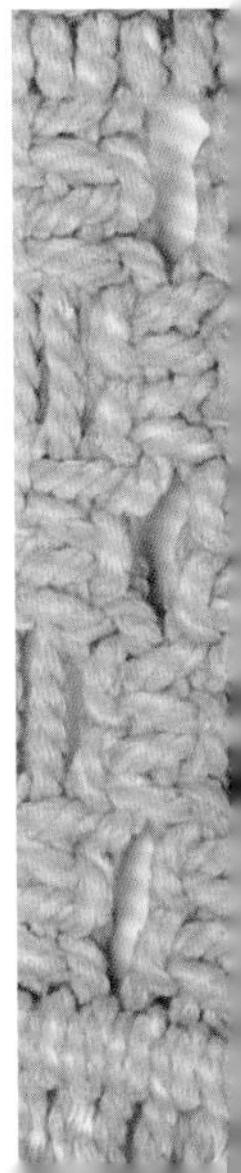

33.以绳线10为支撑绳，从左到右将其拉下来，并用绳线11—14对角线双半结。

34.以绳线19为支撑绳，从右到左将其拉下来，并用绳线15—18系对角线双半结。

35.以绳线22为支撑绳，从左到右将其拉下来，并用绳线23—26系对角线双半结。

36.以绳线31为支撑绳，从右到左将其拉下来，并用绳线27—30系对角线双半结。

37.以绳线34为支撑绳，从左到右将其拉下来，并用绳线35—38系对角线双半结。

38.以绳线43为支撑绳，从右到左将其拉下来，并用绳线39—42系对角线双半结。

39.以绳线46为支撑绳，从左到右将其拉下来，并用绳线47—51系对角线双半结。

40.绳线按1—52重新编号。

41.以绳线8为支撑绳，从右到左将其拉下来，并用绳线3—7系对角线双半结。

42.以绳线9为支撑绳，从左到右将其拉下来，并用绳线10—14系对角线双半结。

43.以绳线20为支撑绳，从右到左将其拉下来，并用绳线15—19系对角线双半结。

44.以绳线21为支撑绳，从左到右将其拉下来，并用绳线22—26系对角线双半结。

45.以绳线32为支撑绳，从右到左将其拉下来，并用绳线27—31系对角线双半结。

46.以绳线33为支撑绳，从左到右将其拉下来，并用绳线34—38系对角线双半结。

47.以绳线44为支撑绳，从右到左将其拉下来，并用绳线39—43系对角线双半结。

48.以绳线45为支撑绳，从左到右将其拉下来，并用绳线46—50系对角线双半结。

49.直接在下方系1排13个方结。

50.以另1根1米长的绳线为支撑绳，重复步骤8、步骤9和步骤10。

51.在下方直接系1排13个螺旋结，通过为每个纵向结打13个半结实现。

52.以第3根1米长的绳线为支撑绳，重复步骤8、步骤9和步骤10。

53.重复步骤2—7。

54.接下来2排继续交错式双方结图案。

55.以剩余的1米长的绳线为支撑绳，重复步骤8、步骤9和步骤10。

56.将剩余的绳线修剪至35厘米。

57.在木钉的两端各系1个单结，将2米长的绳线用来做吊绳。

简易植物吊架

材料：

- 43米长、5毫米粗的绳线
- 直径为4.5厘米的金属环
- 30厘米长、2.5毫米粗的棉

要想在厨房或生活区展示一些漂亮的绿色植物，还有比流苏植物吊架更好的选择吗？这种简易的款式特别适合刚开始学习制作室内植物吊架的人。

若要给这个永不过时的经典款式注入新鲜感，请将花盆替换为您最喜欢的花瓶，里面再装一些新鲜的手工采摘的花朵。

打结方式及编织技巧：

- 包裹结
- 方结
- 螺旋结
- 单结
- 缠绕环
- 须边法

准备：

- 切取8根5米长、5毫米粗的绳线
- 切取3根1米长、5毫米粗的绳线

方法

1. 用1米长的绳线缠绕4.5厘米的金属环（参见缠绕环）。

2. 将8根5米长的绳线对折到环内侧，缠绕在环上。

3. 用1根1米长的绳线打1个4厘米的包裹结，将所有绳线直接固定在环下方。

4. 在包裹结下方，将绳线分成4组，每组4根。现在每组都成为1个纵向结。每个纵向结重复步骤5—8。

5. 每组各系3个方结。

6. 下降5厘米，每组各自再打3个方结。

7. 下降7厘米，每组用10个半结打1个螺旋结。

8. 下降7厘米，每组各打3个方结。

9. 下降13厘米，从相邻的纵向结里各取2根绳线放一起，交错绳线，系1个方结。

10. 下降9厘米。从相邻的纵向结里各取2根绳线放一起，交错绳线，系1个方结。

11. 下降13厘米。用30厘米长的棉线绳打1个单结，将所有绳线牢固地固定在一起。

12. 用剩余1米长的绳线打1个包裹结遮盖住棉线绳。

13. 将绳线修剪至30厘米并须边。

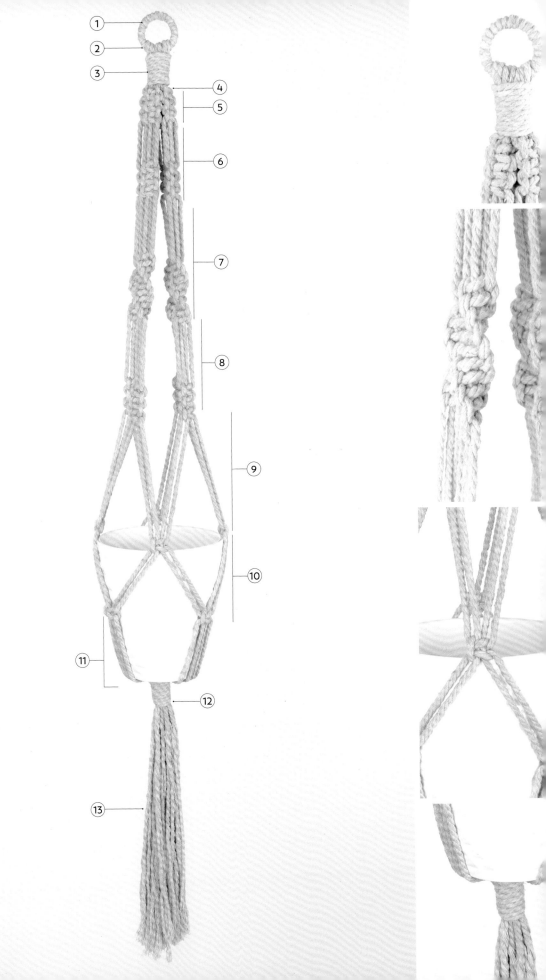

高级植物吊架

这个漂亮的大型植物吊架可以用金属环为您喜爱的植物打造出1个篮子似的外壳，但它同样可以自成一体，作为超级时尚的家居装饰品。我们建议您先通过简易植物吊架和吊篮来预热，再着手制作这件更高级的植物吊架。

材料：

- 393米长、4毫米粗的绳线
- 5个金属环：1个直径为8厘米；2个直径为13厘米；2个直径为29厘米

打结方式及编织技巧：

- 包裹结
- 中式皇冠结
- 双半结
- 方结
- 半结
- 雀头结
- 交错式半结图案
- 交错式方结图案
- 单结
- 缠绕环

准备：

- 切取56根3.5米长、4毫米粗的绳线
- 切取24根8米长、4毫米粗的绳线
- 切取2根1米长、4毫米粗的绳线
- 切取2根1.5米长、4毫米粗的绳线

方法

1. 用1根1米长、绳线缠绕直径为8厘米的金属环。

2. 将24根8米长的绳线对折到环内侧；缠绕在环上。

3. 用1根1.5米长的绳线打4厘米的包裹结，将所有绳线直接固定在环下方。

4. 将绳线分成4组，每组12根，系8个中式皇冠结。

5. 下降10厘米，将所有绳线放入1个直径为13厘米的金属环内。水平放置的金属环现在用作支撑绳，保持环的水平方向，打双半结，将所有绳线缠绕到环上。

6. 在环的正下方系1排12个方结，将绳线固定到环上。

7. 交错绳线，下降3厘米，系上1排12个方结。

8. 交错绳线，下降3厘米，再系1排12个方结。

9. 将所有绳线放入第2个直径为13厘米的金属环内，现在以金属环为支撑绳。保持环的水平方向，打双半结将所有绳线缠绕到环上。

10. 将绳线分成4组，每组12根，让每组都成为1个纵向结，每个纵向结重复步骤11—17。

11. 每组打1排3个半结。

12. 直接在下方，交错绳线，每组打1排2个半结。

13. 直接在下方，交错绳线，每组打1排3个半结。

14. 接下来的5排继续这种交错式半结图案。

15. 直接在下方每组系1排3个方结。

16. 下降25厘米，每组系1排3个方结。

17. 重复步骤11—15。

18. 将所有绳线放入1个直径为29厘米的金属环内。水平放置的金属环现在用作支撑绳，始终保持环的水平方向，将所有绳线通过双半结缠到环上，这样纵向结在环上便是4个等距离分开的独立组。

19. 为缠绕覆盖已经固定的纵向结之间的环，增加14根3.5米长的绳线，采用雀头结，缠绕在环上。

20. 在环的正下方，用4根填充绳和两侧各2根作业绳系1排20个8线方结。

21. 下降1厘米，交错绳线再系1排20个8线方结。

22. 接下来的10排继续采用交错式方结图案，排间距为1厘米。

23. 将所有绳线放入第2个直径为29厘米的金属环内。水平放置的金属环现在用作支撑绳，始终保持环的水平方向，将所有绳线通过双半结缠绕在环上。

24. 将绳线收紧并将其向上拉直至居中，并与金属环齐平，这将为植物吊架打造一个基底。用剩余的1米长的绳线打双重单结固定。

25. 用剩余1.5米长的绳线，在双重单结顶部系1个3.5厘米的包裹结。

26. 将绳线修剪至所需长度。

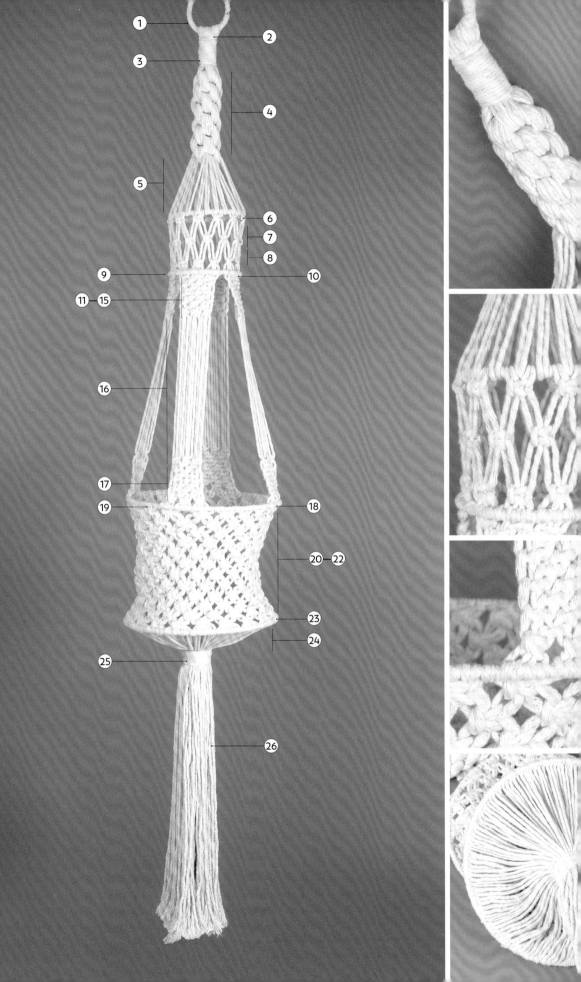

靠垫装饰

材料：

- 54.7米长、5毫米粗的绳线
- 3颗木珠，2.5厘米长×2厘米径长，有径长1厘米的孔
- 热胶枪
- 40厘米×40厘米靠垫套和添加物

这款靠垫是用漂亮的流苏块改造而成。您需要用交错式方结图案制成流苏块，并镶嵌上特色木珠，再将完成的流苏块手工缝到您的垫子上部。您已经成功地完成了第一个作品，何不尝试制作出更多不同尺寸和形状的作品呢？这里，我们选择了天然棉布套，不仅可以完美搭配天然棉绳，而且方便手洗。

打结方式及编织技巧：

- 雀头结
- 方结
- 交错式方结图案
- 半扣结
- 单结
- 绳线编号

准备：

- 切取18根3米长、5毫米粗的绳线
- 切取2根35厘米长、5毫米粗的绳线

方法

1. 将1根35厘米长的绳线用"T"形针固定在垫板上（或用胶带固定在平整的表面上），使其保持笔直和固定，并以此为支撑绳。

2. 用雀头结将18根长3米的绳线系到支撑绳上，将绳线分布在支撑绳的中间，两端均留出6～7厘米的空白。所系绳线的宽度应约为22厘米。

3. 在雀头结正下方，系上1排9个方结。

4. 交错绳线，打1排8个方结。

5. 接下来的7排继续采用交错式方结图案。

6. 将绳线按1—36编号。在最后1排方结的正下方，用绳线3—6打1个方结，用绳线7—10再打1个方结。

7. 将第1颗木珠穿到绳线14和15上，使其直接抵住上方的方结。

8. 将第2颗木珠穿到绳线18和19上，使其直接抵住上方的方结。

9. 将第3颗木珠穿到绳线22和23上，使其直接抵住上方的方结。

10. 与方结排对齐，用绳线27—30打1个方结，用绳线31—34再打1个方结。

11. 绳线按1—36重新编号。重新起1排，用绳线1—4、5—8、9—12、2—28、29—32和33—36打方结。木珠的底部现在应该和这1排方结齐平。

12. 交错绳线，并在下方直接系1排8个方结。

13. 交错绳线，继续用交错式方结图案再编织7排。

14. 取剩余的35厘米长的绳线放在所有绳线之上，使绳线的两端在两侧长短一致。现在将其用作支撑绳。

15. 将所有绳线通过半扣结系在支撑绳上，然后将它们修剪为3厘米。

16. 在支撑绳的两端各系1个紧致的单结，确保单结牢牢地压在您编织作品的两侧，然后将支撑绳修剪至4厘米。

17. 将流苏块翻转过来，用热胶枪将所有绳线的末端固定到图案背面。

18. 将流苏块翻正，然后用手将其缝合到靠垫套的正面。

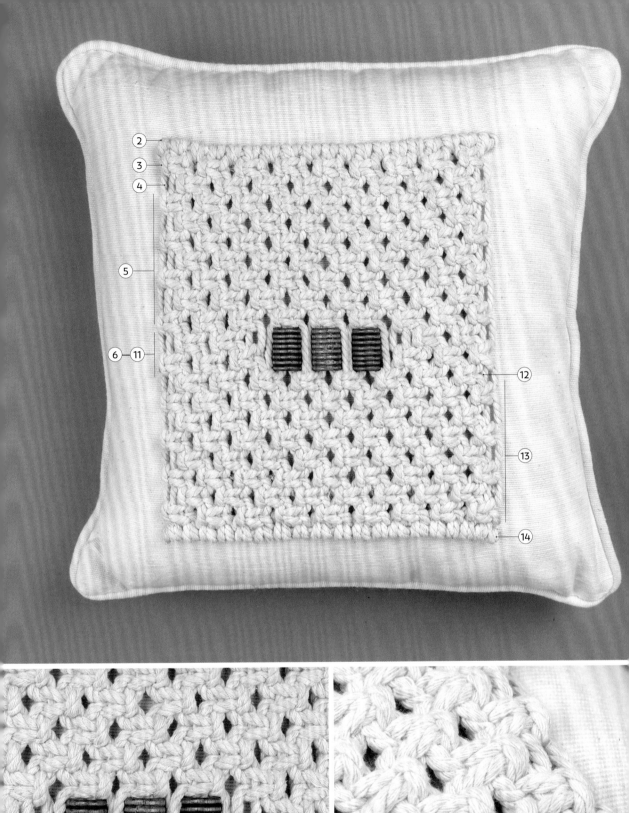
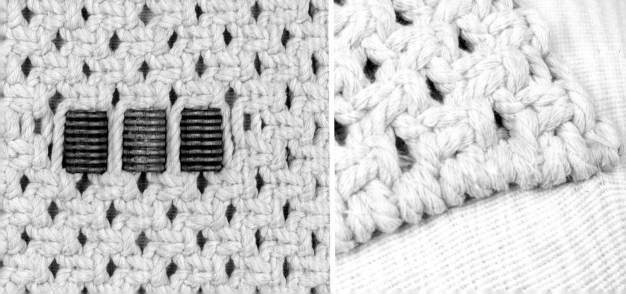

● ● ●

圆形壁挂

进阶项目

材料：

- 158.4米长、8毫米粗的绳线
- 4个金属环：1个径长6厘米；1个径长29厘米；1个径长55厘米；1个径长65厘米

这种多功能、大型的壁挂也可用作小地毯。只需几个基础结就可以创造出很有特色的壁挂形状，您可以根据自己的爱好调整绳线的颜色。如果您打算将它用作地毯，则可以用棉绳的实用替代品——黄麻线进行编织。

打结方式及编织技巧：

- 雀头结
- 方结
- 双半结
- 螺旋结
- 须边法

准备：

- 切取48根3米长、8毫米粗的绳线
- 切取24根60厘米长、8毫米粗的绳线

方法

1. 使用雀头结将16根3米长的绳线系到径长6厘米的金属环上，将环缠绕覆盖。然后将环放在平整的表面上，使绳线从环内向环外辐射出来。

2. 在环的外围，绕环周内系上8个方结。

3. 交错绳线，下降4厘米，系上1排8个方结，使环在操作台上保持平整，并且绳线从环内向环外辐射。

4. 在前1排的正下方再系8个方结。

5. 将径长29厘米的金属环放在绳线顶部，确保其与第1个环始终间隔均匀，然后将其用作支撑绳。

6. 用双半结将绳线系在环上，确保每个绳组围绕环均匀分布。

7. 为覆盖绳组之间的环，用4根3米长的绳线打雀头结，一直到用完剩余的28根3米长的绳线。

8. 直接在环的四周，绕环系24个方结。

9. 在步骤8系的1个方结的下方取4根相邻的绳线，再打6个方结，形成7个方结的纵向结，方结之间没有空隙。

10. 在与方结相邻的绳组取4根绳线，编织1个由12个半结组成的螺旋结纵向结。

11. 重复步骤9和10，继续用此图案绕环，交错方结和螺旋结纵向结。

12. 将径长55厘米的金属环放在绳线顶部，确保其与第2个环始终间隔均匀，然后将其用作支撑绳。用双半结将绳线系到环上，确保绳线绕环均匀分布。

13. 将24根60厘米长的绳线用雀头结系到环上，环的空白处每处1根。

14. 直接在环的四周，绕环系36个方结。

15. 在前1排的正下方再系36个方结。

16. 将径长65厘米的金属环放在绳线的顶部，确保其与第3个环始终间隔均匀，然后将其用作支撑绳。用双半结将绳线系到环上。

17. 将绳线修剪至6厘米并须边。

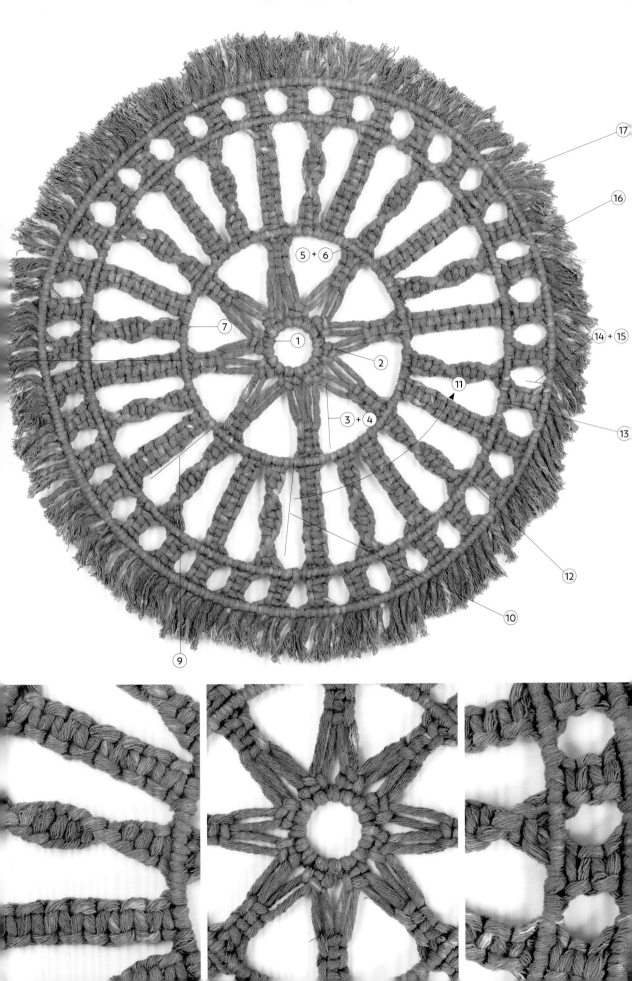

简易彩旗

材料：

- 72.4米长、5毫米粗的绳线

彩旗串是很美丽的配饰，在很多地方都可以使用，它不仅可以装饰幼儿园或孩子的房间，也可以装扮婴儿的浴室，或者就用来装饰您家的书架、墙壁和窗户。

这个简易彩旗串由11面小旗组成，您有充足的机会来锻炼编织这种方结图案的手艺。

打结方式及编织技巧：

- 单结
- 雀头结
- 方结
- 递减方结图案
- 对角线双半结
- 绳线编号
- 须边法

准备：

- 切取88根80厘米长、5毫米粗的绳线
- 切取1根2米长、5毫米粗的绳线

方法

1. 在2米长绳线的两端各系1个单结（参见单结）以防止其须边。这将成为您的支撑绳。我们发现，将绳线固定好后开始编织的最佳方法，是将其系在衣架/可移动式挂衣杆的两侧，并确保支撑绳紧致且笔直。或者，您可以使用强力胶带将其固定在墙壁或桌面等平整的表面上。

2. 现在，您可以开始在支撑绳的中间系上第1面小旗。用雀头结将8根80厘米长的绳线系到支撑绳上，所系绳线的宽度应为10厘米。

3. 在支撑绳的正下方系1排4个方结。

4. 继续以递减方结图案打方结排，最后1排以1个方结结束。

5. 绳线按1—16编号。绳线1作为支撑绳，沿着递减方结图案边缘从左到右沿对角线方向向下拉到中心点，并用绳线2—8系对角线双半结。

6. 以绳线16为支撑绳，沿着递减方结图案边缘从右到左沿对角线方向向下降到中心点，并用绳线9—15系对角线双半结。

7. 用双重单结把绳线1和16系在一起，完成1面小旗。

8. 重复步骤2—7，再完成10面小旗。在第1面（中心）小旗两侧各系5面小旗，每面均相距4厘米。

9. 将绳线修剪到所需长度并须边。

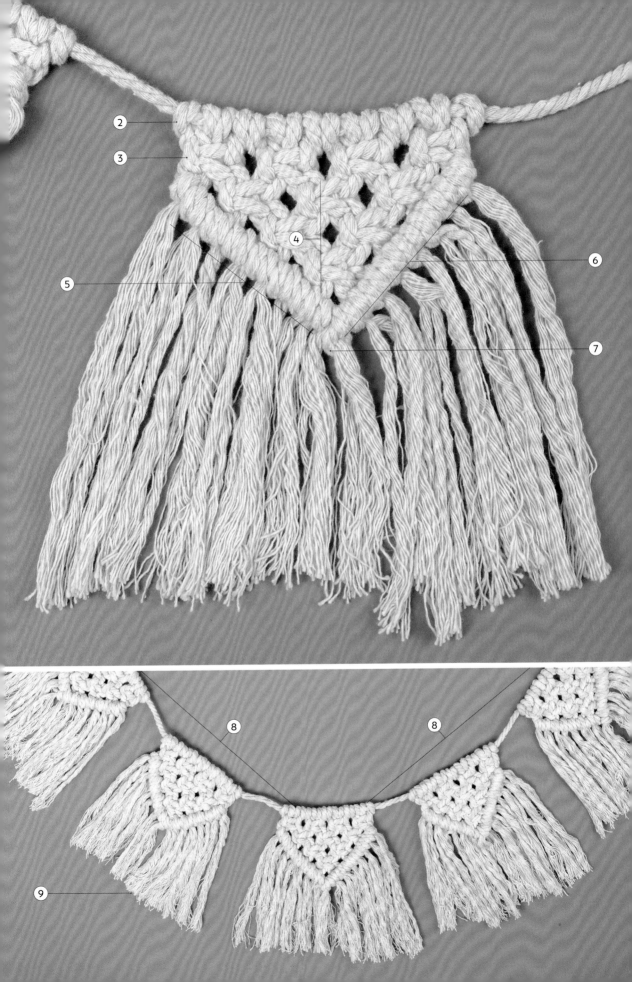

● ● ●

高级彩旗

材料：

- 28.4米长、5毫米粗的绳线（纯天然）
- 35.2米长、5毫米粗的彩色绳线（选择您喜欢的颜色）

这种彩旗图案让您可以创造出更加精致的甜蜜心形旗帜。实际上，每面彩旗都有1个双心形图案，1个小心形堆叠在1个大心形上面。根据庆祝场合或家居装饰的不同，彩旗可以选用不同的颜色组合来搭配。

打结方式及编织技巧：

- 单结
- 雀头结
- 方结
- 对角线双半结
- 绳线编号
- 须边法

准备：

- 切取1根2米长、5毫米粗的纯天然绳线
- 切取24根110厘米长、5毫米粗的纯天然绳线
- 切取32根110厘米长、5毫米粗的彩色绳线

方法

1. 在2米长的纯天然绳线的两端各系1个单结，以防止其须边。将绳线放到平整的表面并固定，让它成为您的支撑绳。

2. 现在，您可以开始在支撑绳的中间系上1面小旗，用雀头结将8根110厘米长的纯天然绳线系到支撑绳上，所系绳线的宽度应为10厘米。

3. 在支撑绳正下方系1排4个方结。

4. 绳线按1—16编号，用绳线7—10打1个方结。

5. 重新按1—16编号，以绳线5为支撑绳。从左到右沿对角线方向将它拉到第4步所系方结的正下方，即设计的中心位置，并用绳线6—8系对角线双半结。

6. 以绳线12为支撑绳，从右到左沿对角线方向将它拉到第4步所系方结的正下方，即设计的中心位置，并用绳线9—11系对角线双半结。

7. 交叉支撑绳（绳线5和12），交换它们的位置，绳线按1—16重新编号。

8. 以绳线4为支撑绳，从左到右沿对角线方向将它拉到之前支撑绳交叉点的正下方，并用绳线5—8系对角线双半结。

9. 以绳线13为支撑绳，从右向左沿对角线方向将它拉到之前支撑绳交叉点的正下方，并用绳线9—12系对角线双半结。

10. 交叉支撑绳（绳线4和13），交换它们的位置，绳线按1—16重新编号。

11. 以绳线3为支撑绳，同前，从左到右沿对角线方向将其拉出，并用绳线4—8系对角线双半结。为了小尖旗形状能够整齐，要确保您系的第1个对角线双半结（绳线4）位于前1排第1个对角线双半结（绳线5）的正下方。

12. 以绳线14为支撑绳，同前，从右到左沿对角线方向将其拉出，并用绳线9—13系对角线双半结。

13. 交叉支撑绳（绳线3和14），交换它们的位置，绳线按1—16重新编号。

14. 以绳线2为支撑绳，同前，从左到右沿对角线方向将其拉出，并用绳线3—8系对角线双半结。

15. 以绳线15为支撑绳，同前，从右到左沿对角线方向将其拉出，并用绳线9—14系对角线双半结。

16. 交叉支撑绳（绳线2和15），交换它们的位置，绳线按1—16重新编号。

17. 以绳线1为支撑绳，同前，从左到右沿对角线方向将其拉出，并用绳线2—8系对角线双半结。

18. 以绳线16为支撑绳，同前，从右到左沿对角线方向将其拉出，并用绳线9—15系对角线双半结。

19. 用双重单结将绳线1和16系在一起，完成1面小旗。

20. 重复步骤2—19，编织另外6面旗帜，在第1面个小旗两侧各系3面，每面旗之间留出6厘米的空隙。2面用纯天然绳线做成的小旗系在两端。

21. 将绳线修剪到所需长度并须边，然后将中间绳线留长，侧边绳线剪短，这样焦点就集中在心形设计上了。

● ● ●

室内秋千

初级项目

材料：

- 258米长、5毫米粗的绳线
- 2个镀锌金属环，径长均为8厘米
- 2个大的镀锌锁扣
- 1块松木板：48厘米长×18.5厘米宽×3厘米高
- 径长15毫米木钻头
- 180粒度（非常细）砂纸
- 木材着色剂（您喜欢的颜色）

优雅、时尚的室内秋千会让您的家充满魅力和个性，而且在功能上，这是添置额外座位的绝佳方式。天然棉绳把手采用螺旋结设计，底部分岔连接到厚实的木板上，鲜明的材质对比让这款家具与众不同，可以搭配许多家居风格。

打结方式及编织技巧：

- 包裹结
- 螺旋结
- 单结
- 须边法

准备：

- 切取16根16米长、5毫米粗的绳线
- 切取2根1米长、5毫米粗的绳线
- 在木板的各个角距离侧边2厘米处标记孔的位置，然后钻孔
- 轻轻打磨木材，磨平任何粗糙或不平整的表面，然后染成所需的颜色

方法

1. 将8根16米长的绳线对折到环内侧。

2. 用1米长的绳线系4厘米的包裹结，包裹所有绳线。

3. 将绳线分成连续的3组：第1组有4根绳线；第2组有8根绳线；第3组有4根绳线。

4. 以第1组和第3组绳线为作业绳，第2组为填充绳，用103个半结系1个16线螺旋结。

5. 现在将绳线分成2组，每组8根。

6. 取第1组的8根绳线，将绳线分成3组：第1组2根；第2组4根；第3组2根。

7. 以第1组和第3组绳线为作业绳，第2组为填充绳，用18个半结系1个8线螺旋结。

8. 第2组8根绳线重复步骤6和7，到这里，您的第1个秋千把手已完成。

9. 用剩余的8根长16米的绳线和第2个金属环重复步骤1—8，制作第2个秋千把手，确保两个秋千把手的螺旋结设计长度相等。

10. 将松木板水平放置，用螺旋结的绳线穿过每个角的钻孔。

11. 将木板翻转过来，每组绳线系上1个单结，将木板的4个角固定好。将木板摆正，确保其完全水平。

12. 将绳线修剪到所需长度并须边。

13. 将锁扣连接到金属环上，现在完成的秋千可以吊起来了。

● ● ●

躺 椅

进阶项目

材料：

- 304米长、5毫米粗的绳线
- 躺椅框架：88厘米高×97厘米宽×67厘米长
- 热胶枪

要想将日常躺椅变成一款采用流苏设计的定制家具，只需将布料从躺椅框架上拆除，然后按照该图案，创造出属于您自己的杰作，并用杰作替代布料。如果您的躺椅和我们用的躺椅尺寸不同，您可能需要调整流苏面板的长度和宽度，以让其与原始躺椅布料尺寸相同。

打结方式及编织技巧：

- 雀头结
- 方结
- 交错式方结图案
- 双半结
- 单结

准备：

- 切取38根8米长、5毫米粗的绳线
- 小心地从躺椅框架上取下原有的布料

方法

1. 用雀头结将38根8米长的绳线系到躺椅框架顶部的杆上，确保绳线均匀分布，所系绳线的宽度应约为47厘米（或原始布料的宽度）。

2. 在正下方，系上1排19个方结，将绳线固定到位。

3. 直接在前一排的正下方，交错绳线，系1排18个方结。

4. 接下来的3排继续编织交错式方结图案，排与排之间没有空隙。

5. 交错绳线，下降3.5厘米，系1排18个方结。

6. 交错绳线，下降3.5厘米，系1排19个方结。

7. 在前排的正下方，系1排19个方结。

8. 交错绳线，系1排18个方结。

9. 在前排的正下方，系1排18个方结。

10. 交错绳线，系1排19个方结。

11. 在前排的正下方，系1排19个方结。

12. 交错绳线，下降3.5厘米，系1排18个方结。

13. 交错绳线，下拉3.5厘米，系1排19个方结。

14. 交错绳线，下降3.5厘米，系1排18个方结。

15. 交错绳线，下拉3.5厘米，系1排19个方结。

16. 重复步骤3—15。

17. 重复步骤3—11。

18. 交错绳线，下降3.5厘米，系1排18个方结。

19. 在前排的正下方，交错绳线，系1排19个方结。

20. 现在将您的流苏面板连接到躺椅底部的杆上，将所有绳线放在底杆的上方，并用双半结将每根绳线都固定到底杆上。在将流苏面板固定到椅子的底杆之前，确保其已拉紧，这样在使用时，不会太松垮。

21. 一旦所有绳线固定到底杆上，将它们尽可能地拉到椅子下方，并用双重单结将它们成对地紧紧系在一起，如绳线1和2，绳线3和4，绳线5和6，绳线7和8，等等。

22. 将绳线末端修剪为约5毫米，然后用热胶枪将其平整地黏合在一起。

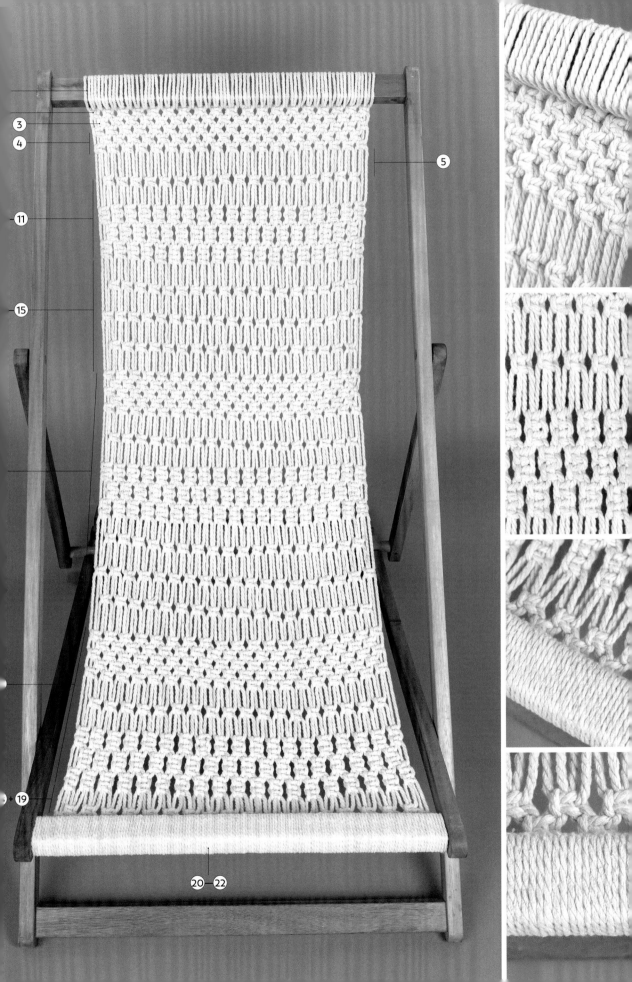

● ● ●

门 帘

不管作为哪个房间的入口，这款古朴典雅的珠子门帘都会令人赞叹，您的家也会让人感觉像是波希米亚宫殿。这款图案设计针对的是标准门框，但是您可以轻松改变流苏的宽度或长度以适合您的门。

材料：

- 368米长、5毫米粗的绳线
- 92厘米长、2.5厘米粗的木钉
- 6根30厘米长的麻绳
- 12颗木珠，2厘米长×2厘米径长，有径长1厘米的孔

打结方式及编织技巧：

- 雀头结
- 方结
- 递减方结图案
- 对角线双半结
- 递增方结图案
- 交错式方结图案
- 单结
- 包裹结
- 绳线编号
- 须边法

准备：

- 切取28根8米长、5毫米粗的绳线
- 切取6根6米长、5毫米粗的绳线
- 切取12根5米长、5毫米粗的绳线
- 切取14根3米长、5毫米粗的绳线
- 切取6根1米长、5毫米粗的绳线

方法

1. 在木钉的左侧留出4厘米空白，然后开始用雀头结。按照以下顺序，打结除6根1米长绳线以外的所有绳线：14根8米长的绳线；3根6米长的绳线；6根5米长的绳线；14根3米长的绳线；6根5米长的绳线；3根6米长的绳线；14根8米长的绳线。所系绳线的宽度应为84厘米。在木钉右侧留出4厘米的空白。调整绳线，使其间隔均匀。

2. 直接在木钉下方，系1排30个方结。

3. 从左到右编织，将绳线按1—120编号，并按如下方式分为6组：第1组，绳线1—12；第2组，绳线13—36；第3组，绳线37—60；第4组，绳线61—84；第5组，绳线85—108；第6组，绳线109—120。

4. 从第1组开始（绳线1—12），从左向右编织，不考虑绳线1和绳线2，在现有方结下方直接系上2个方结。

5. 第1组下1排，从左到右编织，打2个方结。

6. 第1组下1排，从左到右编织，不考虑绳线1和绳线2，系1个方结。

7. 第1组下1排，从左到右编织，打1个方结。

8. 对于第2、3、4和5组，每次操作1组。用6个现有的方结为每组编织1个递减方结图案，以1个方结结束。

9. 对于第6组（绳线109—120），从左向右编织，不考虑绳线109和绳线110，在现有方结下方直接系上2个方结。

10. 第6组下1排，从左到右编织，省去4根绳线，系2个方结。

11. 第6组下1排，从左到右编织，省去6根绳线，系1个方结。

12. 第6组下1排，从左到右编织，省去8根绳线，系1个方结。

13. 回到第1组，用绳线12作为支撑绳，将其沿着对角线方向从右到左拉下来，放在其他绳线的上方。沿着对角线方结图案的边缘，用剩余的11根绳线打对角线双半结。

14. 第2、3、4和5组，每次操作1组。先分别将绳线13、绳线37、绳线61和绳线85作为支撑绳。将它们沿着对角线方向从左到右拉下来，放在其它绳线的上方，沿递减方结图案边缘拉到中心点。每组用11根绳线打对角线双半结。现在，将绳线36、绳线60、绳线84和绳线108作为支撑绳，将它们沿对角线方向从右到左拉下来，放在绳线的上方，沿递减方结图案边缘拉到中心点。每组用剩下的11根绳线打对角线双半结。

15. 第6组，将绳线109作为支撑绳，将其沿着对角线方向从左到右拉下来，放在其他绳线的上方。沿着对角线方结图案的边缘，用剩余的11根绳线打对角线双半结。

16. 绳线按1—120重新编号。将单颗珠子穿到绳线24和25，绳线48和49，绳线72和73以及绳线96和97上。

17. 用绳线11—14系1个方结，与珠子的那1排齐平。

18. 在步骤7打的方结下方，继续编织递增方结图案，直到编织完1排5个方结，然后开始编织递减方结图案，直到编织完1排1个方结，完成方结图案的菱形形状。

19. 用绳线35—38打1个方结，与珠子那1排齐平，重复步骤18。

20. 用绳线59—62打1个方结，与珠子那1排齐平，重复步骤18。

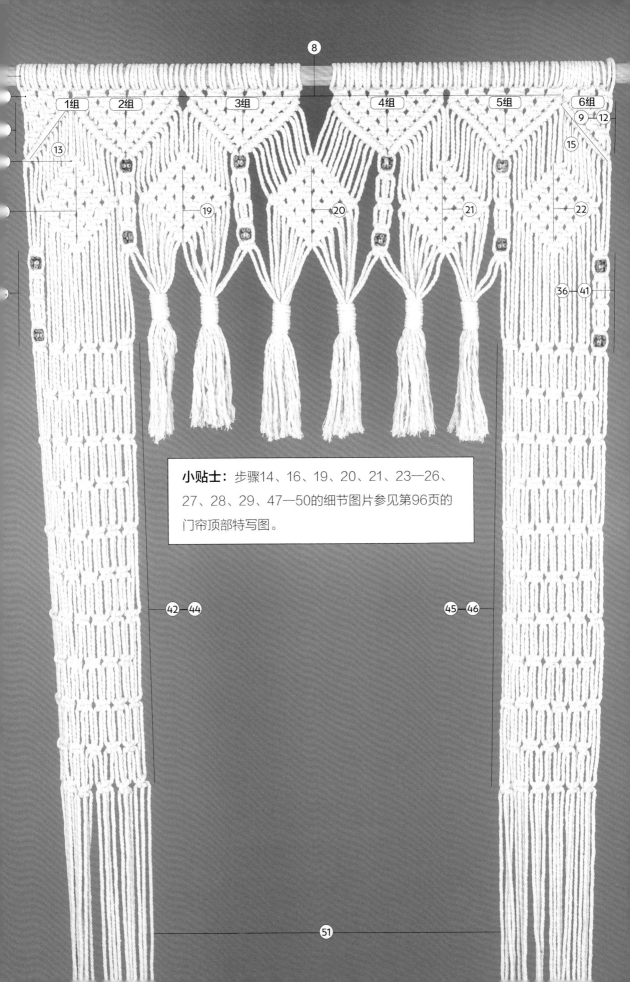

小贴士：步骤14、16、19、20、21、23—26、27、28、29、47—50的细节图片参见第96页的门帘顶部特写图。

21. 用绳线83—86打1个方结，与珠子那1排齐平，重复步骤18。

22. 用绳线107—110打1个方结，与珠子那1排齐平，重复步骤18。

23. 在穿第1颗珠子的绳线24和25的下方，用绳线23—26系1个方结。

24. 下降2.5厘米，打1个方结。

25. 下降2.5厘米，打1个方结。

26. 将单个珠子穿到之前系方结的填充绳上，并通过在其下方系1个方结来固定珠子。

27. 在穿第2颗珠子的绳线48和49的下方，用绳线47—50系1个方结。重复步骤24—26。

28. 在穿第3颗珠子的绳线72和73的下方，用绳线71—74系1个方结。重复步骤24—26。

29. 在穿第4颗珠子的绳线96和97的下方，用绳线95—98系1个方结。重复步骤24—26。

30. 取绳线1—4，打1个方结，与菱形形状底端的最后1个方结齐平。

31. 将单颗珠子穿到先前绑定的方结下方的填充绳上。

32. 用绳线1—4直接在珠子下面打1个方结。

33. 下降2.5厘米，打1个方结。

34. 下降2.5厘米，打1个方结。

35. 重复步骤31和32。

36. 取绳线117—120，打1个方结，与菱形形状底端的最后一个方结齐平。

37. 将单颗珠子穿到先前绑定的方结下方的填充绳上。

38. 用绳线117-120在珠子正下方系1个方结。

39. 重复步骤33和34。

40. 将单颗珠子穿到先前绑定的方结下方的填充绳上。

41. 用绳线117—120在珠子正下方系1个方结。

42. 取绳线5—8，打1个方结，与绳线1—4打的方结齐平。用绳线9—12、13—16、17—20、21—24打1排方结。

43. 交错绳线，下降5厘米，系上1排5个方结。

44. 接下来9排继续编织交错式方结图案，每排之间留5厘米距离。

45. 取绳线113—116，打1个方结，与绳线117—120打的方结齐平。用绳线109—112、105—108、101—104、97—100打一排方结。

46. 重复步骤43和44。您现在已经完成门帘的2个长（外）边了。

47. 现在要完成门帘的顶部边框3。将中间的绳线25—96分成6组，每组12根：第1组，绳线25—36；第2组，绳线37—48；第3组，绳线49—60；第4组，绳线61—72；第5组，绳线73—84；第6组，绳线85—96。

48. 从门帘顶部测量约31厘米或在菱形设计底部下方约7厘米处，分别用30厘米长的麻绳系1个双重单结将每组绳线牢牢固定。

49. 用剩余的6根1米长的绳线在双重单结顶部的上方系4厘米包裹结。

50. 将包裹结下方绳线的末端修剪至15厘米并须边。

51. 将长（外）边的绳线末端修剪至木钉下方2米处。

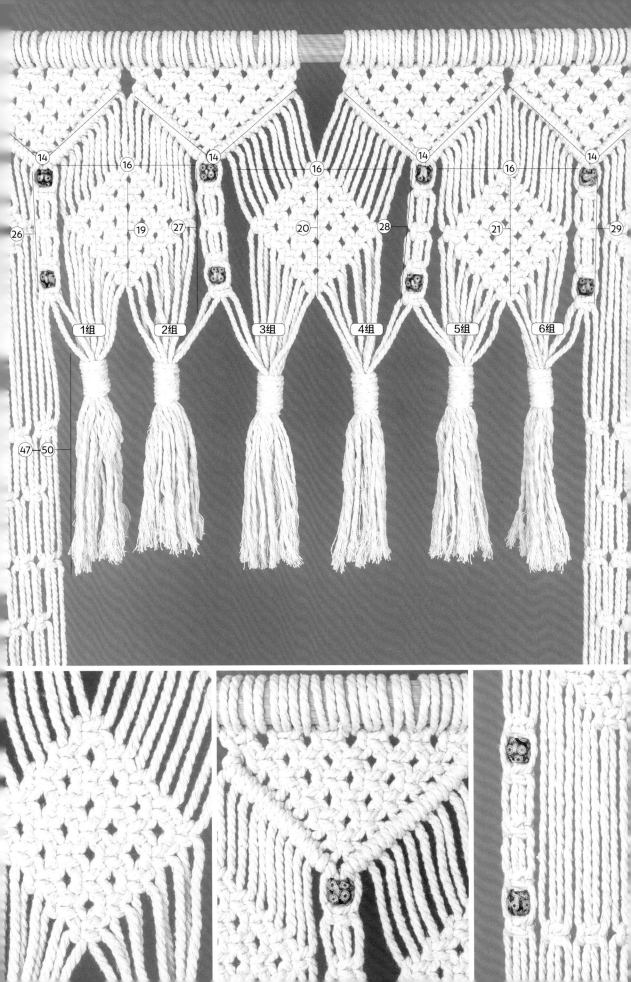

(14) (16) (14) (16) (14) (16) (14)

(26) (19) (27) (20) (28) (21) (29)

1组　　　2组　　　3组　　　4组　　　5组　　　6组

(47)—(50)

庆典拱门

进阶项目

庆典拱门是更大规模的门帘，它不仅可以打造特殊场合的典雅背景，而且可以悬挂在木制棚架或墙壁上。对于婚礼而言，它非常完美，只需添加鲜花花束，即可成为奢华的焦点。或者，您可以将其当成气派的壁挂展示在家中。

材料：

- 392米长、8毫米粗的绳线
- 1.8米长、1.9厘米粗的木钉

打结方式及编织技巧：

- 雀头结
- 方结
- 递增方结图案
- 递减方结图案
- 交错式方结图案
- 双半结
- 对角线双半结
- 绳线编号
- 须边法

准备：
- 切取16根7米长、8毫米粗的绳线
- 切取16根6米长、8毫米粗的绳线
- 切取16根4米长、8毫米粗的绳线
- 切取24根3米长、8毫米粗的绳线
- 切取24根2米长、8毫米粗的绳线

方法

1. 从离木钉左侧8厘米处开始，从左向右编织，用雀头结将绳线按以下顺序系到木钉上：8根7米长的绳线；8根6米绳线；8根4米长的绳线；12根3米长的绳线；24根2米长的绳线；12根3米长绳线；8根4米长的绳线；8根6米长的绳线和8根7米长的绳线。确保木钉右侧留出8厘米的空白，调整绳线，使它们均匀分布。

2. 在木钉的正下方，使用两侧的4根填充绳和填充绳两侧各2根作业绳，系1排24个8线方结。

3. 绳线按1—192编号。

4. 下降6厘米，用绳线95—98打1个方结。

5. 从用绳线95—98打的方结开始，编织1个递增方结图案，1排下面接着1排，编完1排9个方结时结束。

6. 直接在9个方结排的下方，开始递减方结图案，直到编到1排只有1个方结，完成1个菱形图案。

7. 您有两组绳线不用于创建菱形图案：组1，绳线1—78；组2，绳线115—192。组1下降1.5厘米，从左到右编织，交错绳线，系1排9个8线方结。

8. 继续编织组1，下降1.5厘米，从左到右编织，交错绳线，系1排9个8线方结。

9. 继续编织组1，下降1.5厘米，从左到右编织，交错绳线，系1排8个8线方结。

10. 继续编织组2，下降1.5厘米，从右到左编织，交错绳线，系1排9个8线方结。

11. 继续编织组2，下降1.5厘米，从右到左编织，交错绳线，系1排9个8线方结。

12. 继续编织组2，下降1.5厘米，从右到左编织，交错绳线，系1排8个8线方结。

13. 组1和组2按照步骤7—12，继续编织9排交错式（8线）方结图案，每排之间的间距为1.5厘米，对于每个连续的排，留出朝向中心线的4根绳线。

14. 对于组1和组2，交错绳线（参见打结术语），下降1.5厘米，系上1排3个8线方结。

15. 对于组1和组2，交错绳线，下降1.5厘米，系上1排4个8线方结。

16. 对于组1和组2，接下来10排继续编织交错式（8线）方结图案，每排之间的间距为1.5厘米。现在，您将开始看到棚架的基本形状。

17. 将外侧门板的绳线放到两边（每边32根），对设计的中心部分的绳线按1—128编号。

18. 以绳线47为支撑绳，将其沿对角线方向从右到左拉下来，系上1个双半结，将其固定在第10排和第11排8线方结之间的空间。

19. 将绳线9—46用对角线双半结系到支撑绳47上。

20.以绳线82为支撑绳，将其沿对角线从左到右拉下来，系1个双半结，将其固定在第10排和第11排8线方结之间的空间。

21.用对角线双半结将绳线83—120系到支撑绳82上。

22.修剪外侧门板的绳线（每侧32根）至2.4米。

23.将中心拱形部分的绳线修剪成您所需要的长度并须边。

购物袋

您可以用几个简单的结来编织这个独特又显眼的购物袋。它是个完美的配饰，您完全可以带着它外出。您可以根据自己选择的手柄来打造属于自己独特的袋子，但请记住，您选择的手柄必须与绳线相搭。

材料：

- 3根32米长、5毫米粗的绳线，颜色您自己选择
- 60厘米长、5毫米粗的绳线，颜色您自己选择
- 2个木制手柄，最小内宽为12.5厘米

打结方式及编织技巧：

- 雀头结
- 方结
- 交错式方结图案
- 双半结
- 单结
- 绳线编号
- 须边法

准备：

- 从3根不同颜色的32米长、5毫米粗的绳线上，切取24根4米长、5毫米粗的绳线

方法

1. 取第1个手柄，用雀头结将12根4米长的绳线系到它上面，编织时交错颜色。所系绳线的宽度应为12.5厘米。这将是1号手柄。

2. 按照步骤1的说明，取出第2个手柄并系上剩余的12根长4米的绳线。这将是2号手柄。

3. 首先在1号手柄上操作，在手柄下方紧紧地系1排6个方结。

4. 交错绳线，下降1.5厘米，系1排5个方结。

5. 交错绳线，下降2厘米，系1排6个方结。

6. 接下来2排继续编织交错式方结图案，排与排之间间隔2厘米。

7. 在2号手柄上重复步骤3—6，确保1号手柄和2号手柄上的打结区域长度相等。

8. 对1号手柄，绳线按1—24编号。

9. 对2号手柄，绳线按25—48编号。

10. 将两个手柄放在一起，使设计的两侧转为正面。开始连接袋子的两侧，将绳线1和2与绳线47和48放在一起，系1个方结。下降4厘米，用绳线48和1作为填充绳，绳线47和2为作业绳。

11. 同样下降4厘米，将绳线23和24与绳线25和26放在一起，打1个方结。用绳线24和25作为填充绳，绳线23和26为作业绳。

12. 与步骤10和11中绑定的2个方结齐平，继续在袋子的前后面再系5个方结，在袋子周围形成1排12个方结。

13. 围着袋子一周，接下来5排继续编织交错式方结图案，每排之间间距4厘米。

14. 现在，在底部边缘将袋子前后面叠放在一起。将袋子平放，均匀地堆叠手柄，并确保在底排的12个方结并排排成1排，从袋子背面开始系1个方结，然后正面系1个方结，沿着排交错编织背面和正面的方结。

15. 取60厘米长的绳线，将其水平放置在12个方结排的下方。作为支撑绳。

16. 从左到右编织，通过双半结将每根绳线系到支撑绳上，确保所有绳线的排序与步骤14一致。

17. 将所有绳线紧紧地压在支撑绳上，然后在支撑绳的两端各系1个紧致的单结，使支撑绳末端和作业绳一同下垂。

18. 将所有绳线修剪至5厘米并按需须边。

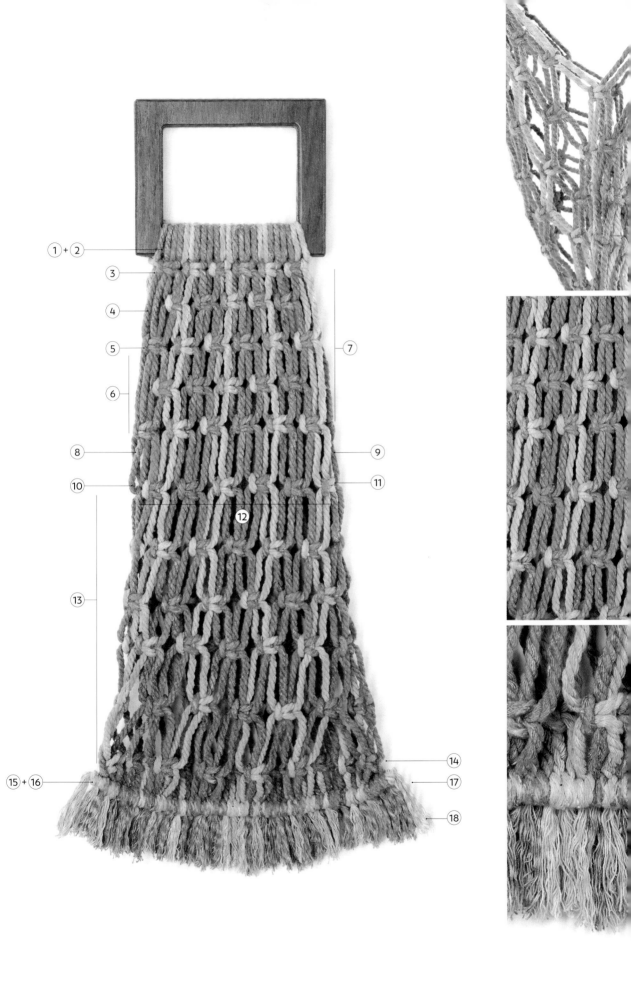

● ● ●

手 包

✎ 进阶项目

当您晚上出去与朋友约会，携带这款手包时，这款手工制作的流苏手包无疑会给您的朋友留下深刻印象。它的尺寸恰到好处，可以随身携带外出必需品。凭借漂亮的"V"形翻盖和磁扣，这款手包无疑是必备的时尚配饰单品。

材料：

- 54米长、3毫米粗的黄麻线
- 56米长、3毫米粗的绳线
- 热胶枪
- 3粒径长18毫米的磁性按扣

打结方式及编织技巧：

- 雀头结
- 方结
- 交错式方结图案
- 递减方结图案
- 对角线双半结
- 单结
- 绳线编号
- 嵌入收尾
- 束紧

准备：

- 切取18根3米长、3毫米粗的黄麻线
- 切取18根3米长、3毫米粗的绳线
- 切取1根2米长、3毫米粗的绳线

方法

1. 将2米长的绳线用"T"形针固定在垫板上，确保其笔直、固定。这将成为您的支撑绳。

2. 交错黄麻线和绳线，用雀头结将18根3米长的黄麻线和18根3米长的绳线系到支撑绳上。所系的绳线宽度应为24.5厘米，它们应位于支撑绳的中心位置。

3. 在支撑绳下方，系1排18个方结。

4. 交错绳线，系1排17个方结。

5. 接下来的45排继续编织交错式方结图案，排与排之间不留空隙，以1排18个方结结束。流苏的总长度应为27厘米。如果有必要，可以再编几排方结，使流苏达到所需长度，但请记住，以1排18个方结结束这点很重要。

6. 将绳线分为3组，每组24根：第1组，绳线1—24；第2组，绳线25—48；第3组，绳线49—72。3组中的每1组都完成步骤7—15，打造出成品手包前部"V"形翻盖的边。

7. 3组绳线的每1组，直接在上1排结的下方编织递减方结图案，以6个方结开始，并在最后1排以1个方结结束。

8. 3组绳线中的每组都按1—24编号。

9. 以绳线1为支撑绳，将其沿对角线方向从左到右沿着图案的边缘拉下来，置于1个方结的下面，并用绳线2—12系对角线双半结。

10. 以绳线24为支撑绳，将其沿对角线方向从右到左沿着图案的边缘拉下来，置于1个方结的下面，并用绳线13—23系对角线双半结。

11. 交叉支撑绳（绳线1和24），使它们交换位置。

12. 现在每组重新按1—24编号。

13. 以绳线1为支撑绳，将其从左到右拉下来，置于对角线双半结那排的下方，并用绳线2—12系对角线双半结。

14. 以绳线24为支撑绳，将其从右到左拉下来，置于对角线双半结那排的下方，并用绳线13—23系对角线双半结。

15. 将支撑绳1和24用双重单结系在一起。

16. 从垫板上取下流苏块，然后翻转流苏块并使用嵌入收尾技巧，沿着"V"形边缘隐藏绳线（不要沿着直边修剪支撑绳）。

17. 将每组绳线修剪至5毫米，然后用热胶枪固定。

18. 要将流苏块做成手包，请将流苏块反面朝上，使"V"形边位于顶部，直边位于底部。将底边向上折叠12厘米以制作手包的口袋。

19. 用支撑绳将口袋的侧面束紧，以包内侧的绳线收尾，用双重单结固定。

20. 安装磁性按扣，完成手包制作。用热胶枪将按扣一部分固定到"V"形边的背面，将其配套部分固定到口袋的对应面，这样在翻盖关闭时它们可以匹配。

● ● ●

吊 灯

材料：

- 27米长、8毫米粗的绳线
- 90厘米长、4毫米粗的扭绳
- 1套3米长的电线,带插头、
  引线和E27灯座

这款吊灯由简单但效果很棒的螺旋结图案制成，是非常不错的流苏入手物件。作为简单的DIY（自制）作品，它可以为您的家创造一些独特的气质。要打造真正令人叹为观止的效果，建议您做多个吊灯，并将它们相互连接在一起，创造属于您自己的装饰品。

打结方式及编织技巧：

- 螺旋结
- 包裹结

> **准备：**
> - 将灯座牢牢固定在高约2米的水平横杆上, 使电线垂直下垂

方法

1.将27米长、8毫米粗的绳线对折，将对折点放在电线下方，并尽可能靠近灯座。

2.以电线为支撑绳，绳线为作业绳，开始打螺旋结，您需要确保将第1个半结牢牢地抵住灯座。

3.继续打螺旋结，直到距离插头3厘米。

4.修剪插头上方多余的绳线，将绳线末端向下压平抵住电线。

5.用90厘米长的扭绳，在上1个半结的正下方开始，越过绳线的两端，在插头上方完成1个包裹结，将所有的绳线都覆盖住。

悬挂灯笼

这个灯笼的设计灵感来自摩洛哥灯笼的开放式网格。不管您将它放在家中的什么地方，它都会将其美丽的一面展现在您的面前。它还可以被设计成婴儿室中的风铃，或者作为装饰物件悬挂在植物吊架旁边。

材料：

- 106米长、5毫米粗的绳线
- 径长2.5厘米的金属环
- 4个竹环，1个径长10厘米；1个径长13厘米；2个径长20厘米

打结方式及编织技巧：

- 双半结
- 雀头结
- 方结
- 三半结

准备：
- 切取24根4米长、5毫米粗的绳线
- 切取2根5米长、5毫米粗的绳线

方法

1. 取2根5米长的绳线，将它们对折在金属环的内侧，使4段等长的绳线垂下。
2. 将4根绳线放进径长10厘米的竹环内，水平放置的竹环现在用作支撑绳。
3. 下降30厘米，取2根相邻的绳线，用双半结将绳线系在环上。重复该步骤，将剩余的2根绳线系在竹环的另一侧。
4. 用雀头结将24根4米长的绳线系到竹环上，每侧12根绳线。
5. 在环的正下方系1排13个方结，将绳线固定到环上。
6. 交错绳线，下降7厘米，系上1排13个方结。
7. 交错绳线，下降7厘米，再系1排13个方结。
8. 将所有绳线放入1个径长20厘米的竹环内，水平放置的竹环现在用作支撑绳。用三半结将所有绳线系在竹环上。
9. 在下方系1排13个方结，将绳线固定到环上。

10. 交错绳线，下降3厘米，系1排13个方结。
11. 交错绳线，下降3厘米，再系1排13个方结。
12. 第2个径长20厘米的竹环重复步骤8和9。
13. 交错绳线，下降4.5厘米，系1排13个方结。
14. 交错绳线，下降4.5厘米，再系1排13个方结。
15. 将所有绳线放在径长13厘米的竹环内，水平放置的竹环现在用作支撑绳。用双半结将所有绳线系在竹环上。
16. 将绳线修剪至65厘米或其他所需长度。

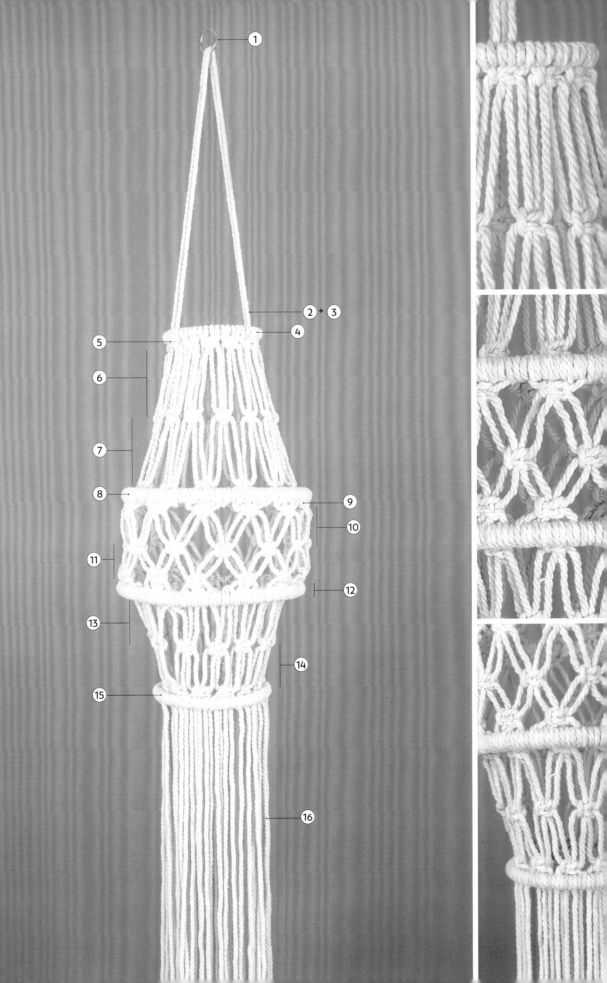

耳 环

在流苏珠宝艺术方面，如果您喜欢尝试自己动手，这个设计作品便是很好的开始。这款耳环被简单的方结图案缠绕，且有圆形金属珠子装饰。它们的制作非常简单，您可以做许多对，配以不同颜色，以搭配您的时尚品位。

材料：

- 2.6米长、1毫米粗的串珠尼龙绳（您自己选择颜色）
- 1对径长4厘米的耳环
- 6颗径长4毫米的圆形金属珠，有径长2毫米的孔

打结方式及编织技巧：

- 方结
- 单结

准备：
- 切取2根1.3米长、1毫米粗的串珠尼龙绳

方法

1. 将1根1.3米长的串珠尼龙绳对折在一个耳环内侧。

2. 用"T"形针将耳环固定在垫板上。耳环将用作填充绳，对折绳的两侧作为作业绳。

3. 系1个紧致的方结，尽可能靠近耳针插入耳环的位置。

4. 绕着耳环（填充绳）系1个有15个方结的纵向结。纵向结完成后，立即将结紧紧挤压在一起。

5. 将1个金属珠穿到耳环上，然后将其牢固地抵住方结纵向结。

6. 直接在金属珠下方，系1个有3个方结的纵向结。

7. 重复步骤5。

8. 重复步骤6。

9. 重复步骤5。

10. 直接在珠子下方，系1个有16个方结的纵向结，在耳针前部完成。

11. 用2根绳线系1个紧致的双重单结。

12. 修剪绳线并小心地将底部微烧以防止须边。用火焰熔化绳线末端，但一定要在它们烧焦之前停止。

13. 第2个耳环重复步骤1—12，然后1对耳环就完成了。

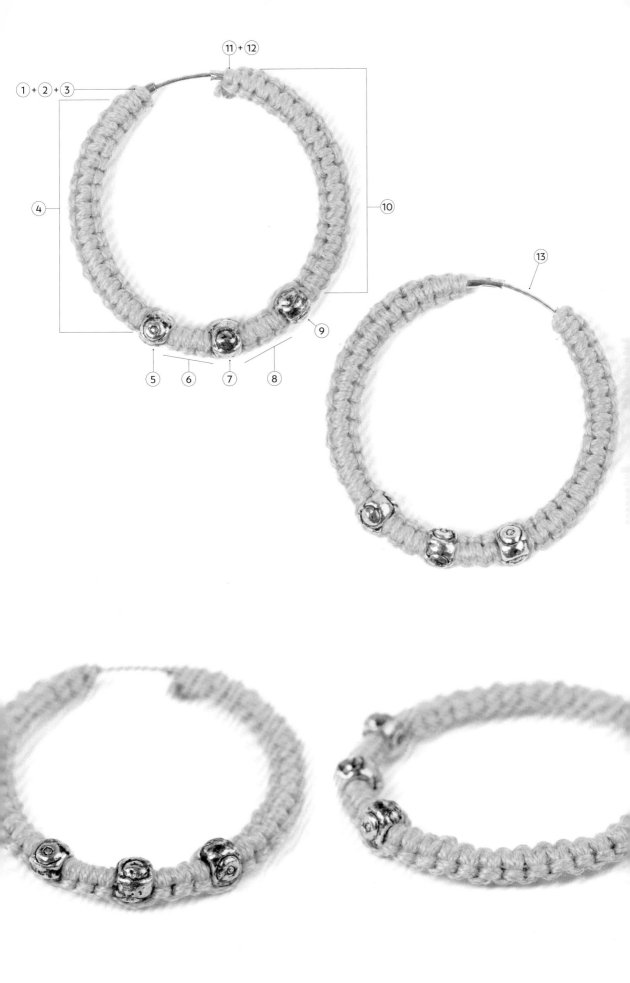

● ● ●

贴颈项链

进阶项目

材料:

- 12米长、1毫米粗的串珠尼龙绳(您自己选择颜色)
- 径长8毫米的扣环
- 14颗径长4毫米的圆形金属珠,有径长2毫米的孔

这款贴颈项链的"链条"非常精致,采用方结制成,并点缀有金属珠。项链成品用辫绳固定在脖子上,只需调整辫绳的长度,就可以使项链更长或更短,以适合自己。只需少系一些方结,您就可以再做一个手链或脚链来与您的贴颈项链搭配。

打结方式及编织技巧:

- 雀头结
- 方结
- 单结
- 绳线编号
- 编辫

准备:
- 切取8根150厘米长、1毫米粗的串珠尼龙绳

方法

1. 使用"T"形针将扣环固定到垫板的顶部。

2. 用雀头结将4根150厘米长的串珠尼龙绳系到扣环上。

3. 将绳线分成2组，每组4根，用每组的绳线各系1个有3个方结的纵向结。

4. 绳线按1—8编号。将1颗金属珠穿到绳线4和5上，使珠子直接抵住其上方的方结。

5. 用绳线4和5作为填充绳，绳线3和6为作业绳，在金属珠子下方系1个方结。

6. 将绳线分成2组，每组4根，用每组绳线各系1个4个方结的纵向结。

7. 绳线按1—8编号。将1颗金属珠穿到绳线4和5上，使珠子直接抵住其上方的方结。

8. 用绳线4和5作为填充绳，绳线3和6为作业绳，在金属珠下方系1个方结。

9. 重复4次步骤6—8。

10. 绳线按1—8编号。用绳线3—6作为填充绳，绳线1和2、绳线7和8为作业绳，系1个8线方结。

11. 直接在8线方结下方，用8根绳线系1个单结并拉紧固定。

12. 在单结下方剪下5根绳线，用火焰小心地微烧两端，使其熔化，注意不要烧焦，然后将它们按压在结上。

13. 用剩余的3根绳线，编织12厘米的辫绳，并系上1个紧致的单结以固定。

14. 将1颗金属珠穿到绳线上，并用1个紧致的单结固定，然后将绳线修剪到所需长度。

15. 从垫板上取下完成一半的项链，将其旋转180度，然后将扣环固定到项目板的顶部（完成的一半项链仍然正面朝上）。

16. 现在，扣环的另一侧重复步骤2—14，完成项链。

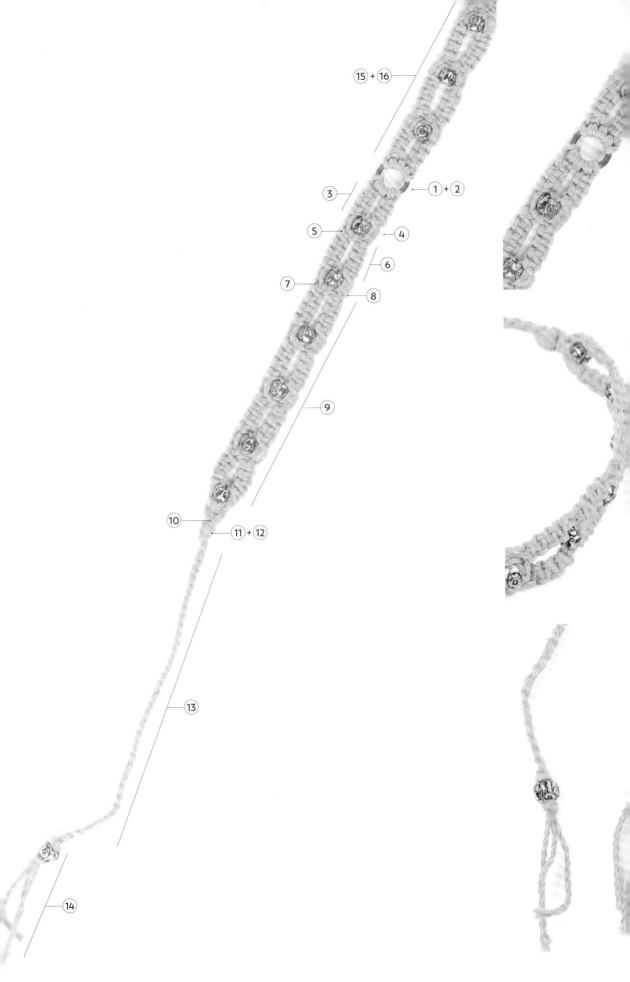

(15) + (16)

(3)

(1) + (2)

(5)

(4)

(6)

(7)

(8)

(9)

(10)

(11) + (12)

(13)

(14)